U0027543

10堂練習課+最佳專案計畫，
領導大師Step by Step教你學會卓越領導

THE
LEADERSHIP CHALLENGE
WORKBOOK

JAMES M. KOUZES & BARRY Z. POSNER

詹姆士・庫塞基＆貝瑞・波斯納 ──── 著　高子梅 ──── 譯

The Leadership Challenge Workbook
Copyright © 2017 by James M. Kouzes and Barry Z. Posner.
Chinese translation Copyright © 2022 by Faces Publications, a division of Cité Publishing Ltd.
This translation published under license with the original publisher John Wiley & Sons, Inc.
All Rights Reserved.

企畫叢書 FP2284

模範領導實戰手冊
10堂練習課＋最佳專案計畫，領導大師Step by Step教你學會卓越領導

作　　　者　James M. Kouzes & Barry Z. Posner
譯　　　者　高子梅
編 輯 總 監　劉麗真
主　　　編　謝至平

發 行 人　涂玉雲
總 經 理　陳逸瑛
出　　版　臉譜出版
　　　　　城邦文化事業股份有限公司
　　　　　臺北市中山區民生東路二段141號5樓
　　　　　電話：886-2-25007696 傳真：886-2-25001952
發　　行　英屬蓋曼群島商家庭傳媒股份有限公司城邦分公司
　　　　　臺北市中山區民生東路二段141號11樓
　　　　　客服專線：02-25007718；25007719
　　　　　24小時傳真專線：02-25001990；25001991
　　　　　服務時間：週一至週五上午09:30-12:00；下午13:30-17:00
　　　　　劃撥帳號：19863813　戶名：書虫股份有限公司
　　　　　讀者服務信箱：service@readingclub.com.tw
　　　　　城邦網址：http://www.cite.com.tw
香港發行所　城邦（香港）出版集團有限公司
　　　　　香港灣仔駱克道193號東超商業中心1樓
　　　　　電話：852-25086231或25086217 傳真：852-25789337
　　　　　電子信箱：hkcite@biznetvigator.com
新馬發行所　城邦（新、馬）出版集團
　　　　　Cite（M）Sdn. Bhd.（458372U）
　　　　　41, Jalan Radin Anum, Bandar Baru Sri Petaling,
　　　　　57000 Kuala Lumpur, MalaysFia.
　　　　　電話：603-90578822 傳真：603-90576622
　　　　　電子信箱：cite@cite.com.my
一 版 一 刷　2022年5月

城邦讀書花園
www.cite.com.tw

ISBN 978-626-315-103-1
售價　NT$ 260
版權所有・翻印必究（Printed in Taiwan）
（本書如有缺頁、破損、倒裝，請寄回更換）

國家圖書館出版品預行編目資料

模範領導實戰手冊：10堂練習課＋最佳專案計
書，領導大師Step by Step教你學會卓越領導
James M. Kouzes, Barry Z. Posner著；高子梅譯．
一版. 臺北市：臉譜，城邦文化出版；家庭傳媒
城邦分公司發行, 2022.05
　面；　公分.--（企畫叢書；FP2284）
譯自：The leadership challenge workbook
ISBN 978-626-315-103-1（平裝）

1.CST: 領導論 2.CST: 企業領導 3.CST: 組織管理
494.2　　　　　　　　　　　　111003761

目次

前言

　　我們曾經在第一本書訪問過唐恩‧班尼特（Don Bennett），當時他說的話令我們永生難忘。唐恩是第一位登上雷尼爾峰（Mt. Rainier）的截肢患者。他靠著一條腿和兩根枴杖登上一萬四千四百一十英尺高的頂峰。

　　「你是怎麼辦到的？」我們請教唐恩。

　　「就一步一步跳啊。」他立即回答。

　　一步一步跳，一步一步跳，一步一步跳。

　　當你認真思索這句話時，會發現很多非常之事不就是這樣成就出來的嗎？不管你對它的渴望有多大，都不可能一步登天。你就是得一步一步來，才能抵達終點 —— 或者就像唐恩說的 —— 一步一步跳。

　　然而有時候我們會發現，光是挑戰這件事的範疇就大到令我們氣餒。我們面對的挑戰，包括很多事情我們必須事半功倍，我們必須快速適應正在變遷的環境，我們必須不斷創新，我們必須對付極度的不確定性，而且還要設法找出時間陪伴家人和朋友。但有些時候我們就是負荷不了，當你在山腳下仰望山頂的時候，也會有同樣的感覺。這也是為什麼當唐恩看著眼前腳下一英尺的距離時告訴自己，「誰都可以從這裡跳到那裡。」於是他就跳過去了 —— 最後總共跳了一萬四千四百一十次。

　　不過唐恩在仰望山頂時，心裡其實還有別的念頭。你可能聽別人

說過他們登山的理由，但是唐恩的理由絕不是因為山就在那裡。我們
請唐恩分享，為什麼想成為第一位成功攻頂雷尼爾峰的截肢患者時，
他說因為他想向其他殘障人士證明，他們能做到的事情比他們想像得
還要多。唐恩的志向抱負超越了個人榮譽和成就。登山的人是他，但
不是為了他自己。他登山的目的是為了整個社群。他有一個願景：人
人都可以有偉大的成就。

　　我們從唐恩身上還學到另一個課題，也能直接適用在領導他人成
就非常之事上。我們曾經問他：「你從這次登山經驗裡學到的最重要
課題是什麼？」他毫不猶豫地說：「你不能孤軍奮鬥。」

　　我們精心製作《模範領導實戰手冊》（*The Leadership Challenge
Workbook*）讓你可以運用在自己的專案計畫上，這正是我們從唐恩‧
班尼特身上學到的領導課題 —— 也是我們從成千上萬名其他領導者
身上所學到的。這是一本實用指南，是協助你使用模範領導五大實務
要領（The Five Practices of Exemplary Leadership®）—— 這套要領是
透過三十多年的研究才獲取的領導模型，經過驗證 —— 可以作為你
規畫和準備下一次攻頂的工具。

　　《模範領導實戰手冊》對領導者來說就是「一步一步跳」的指南。
它也是一種工具，要求你審慎省思每一個基本元素，讓你在行事方法
上創造出漸進式的前進動力。這個實戰手冊會要求你在思維上跳脫個
人的框架，想像自己的領導作為可以如何協助其他人的想望。因為你
不能孤軍奮鬥，所以它也會幫助你找到其他人一起規畫和行動。

你的領導統御有拿出你的「個人最佳表現」嗎？

我們一開始研究的時候，就想知道有什麼樣的實務作業足以代表模範領導，於是我們設計出一個可以把所有東西都框住的問題，再拿這個問題去請教每一位被研究的對象：「當你以領導者的身分『拿出個人的最佳表現時』，你都做了什麼？」我們不想知道那些最有名和最資深的領導者做了什麼，我們想知道的是，各個階層和各種背景的領導者做了什麼。

我們請人們把他們領導過的專案計畫當成故事講給我們聽，而且必須是他們自認的個人最佳領導經驗 —— 它必須是一個可以被定義為個人完美指標的經驗。我們蒐集到成千上萬個領導者表現優異的故事，再從中找出共通的作為。

過了幾年 —— 在做過數千次的定性和定量分析後 —— 我們找到了足以界定模範領導的五大實務要領。

領導者在拿出自己最出色的表現時，他們都會：

- 以身作則
- 喚起共同願景
- 向舊習挑戰
- 促使他人行動
- 鼓舞人心

你可能已經很熟悉五大實務要領，因為你讀過《模範領導》，書裡有詳盡地解說。又或者是你想進一步自我培養成領導者，因此使用

過我們設計的三百六十度全方位評鑑工具LPI（領導統御實務要領量表），所以知道這五大實務要領。如果這些實務要領對你來說都很陌生，我們將在這本實戰手冊的第二章做簡短的介紹。

　　不管你熟不熟悉我們的其他著作，都請你牢牢記住一件事：當你比現在更常使用五大實務要領時，你會變得更有成效。我們從研究中得知，那些更常以身作則、喚起共同願景、向舊習挑戰、促使他人行動、鼓舞人心的人，相較於很少這麼做的人，更能大幅提升他們成就非常之事的可能。換言之，模範領導不是天生就會或者環境使然，它是在認真和刻意練習下所得到的成果。

專案計畫提供了背景脈絡

　　如今專案計畫已然成為我們規畫工作的方法。專案計畫能為我們的目標創造出背景脈絡，決定我們與誰合作，訂出我們的時間表。我們會在第三章更具體地說明可以挑選哪種專案計畫，不過你也可以思考，正在領導或者準備接手領導的專案，或許能運用模範領導五大實務要領。

　　請記住一個重點，你接手的每一個新專案計畫都是在給你機會。它是一個可以讓你繼續沿襲舊法行事的機會，也可以是一個讓你從此前途無可限量的機會 —— 一個讓你再次成就出個人卓越表現的機會。這都得看你準備怎麼迎接這個挑戰。

　　任何世界級的運動員都不會一踏進賽場就告訴自己，「好吧，我想我今天只要拿出一般表現就行了。」世界級的領導者也一樣。每天都是一個提升表現的好機會，而最富挑戰的專案計畫最能創造機會。

你的下一個專案計畫，就是一個為組織打造非常成就的大好機會，也是培養你領導本領的最佳契機。這本實戰手冊的設計是在協助你做計畫和準備，好讓你在領導統御上拿出個人最出色的表現。

誰該使用這本實戰手冊？

　　這本實戰手冊是為所有擔任領導角色的人設計的，目的是幫助你提升能力去領導別人成就非常之事。無論你是在民營或公營機構，員工還是志工，第一線的組長還是高級主管，學生還是為人父母，你都會發現這本手冊很實用。因為領導統御不是在講一個正式的職位，而是作為。你可以授予某人經理的頭銜，但這不代表他就是領導者。領導統御是努力獲取來的。

　　你是因為某些作為才成為別人眼中的領導者。領導統御關乎的是，你有勇氣和精神走出當下的環境，前往一個可以讓世界更美好的地方。這本手冊的設計，就是為了幫助任何一位有心領導和願意發揮影響力的人。它鎖定的對象，是任何一位在角色上需要靠動員他人來力拚共同目標的人。

領導統御人人有責

　　下次當你對自己說：「他們為什麼不那麼做？」的時候，請看著鏡子，再問鏡子裡的那個人：「你為什麼不那樣做？」唯有接受領導的挑戰，你才會明白，那些限制都是你加諸在自己身上的。

　　雖然我們的研究教會我們很多跟領導統御實作有關的事情，但和

成千上萬名研究對象的互動也教會了我們一件重要的事，那就是領導統御人人有責。今天我們需要有更多而非更少的領導者，我們需要更多人擔起責任，改革我們做事的內容和方法。我們需要更多的人來呼應這個號召，這個世界非常需要你們的才幹。

　　我們比這世上任何自以為的傳統或神話，都更相信你有能耐可以將自己培養成領導者。只要想像你自己站在雷尼爾峰的山腳下，然後開始往上爬 —— 一步一步地跳。

　　我們預祝你下一次的領導歷險快樂、成功，也祝你步步高陞！

二〇一七年五月

詹姆士・庫塞基寫於加州奧林達

貝瑞・波斯納寫於加州柏克萊

1 如何使用這本實戰手冊

最佳領導者從來不會間斷學習，他們把所有經驗都當成學習的契機。但收穫豐碩的洞見及見地來自於審慎的省思與分析，從來不回頭檢討的經驗是學不到任何東西的。如果你想成為更優秀的領導者，就必須檢討自己的表現，更小心自己所做的選擇以及展現意圖的方式。

《模範領導實戰手冊》是要協助你將模範領導五大實務要領運用在所選定的專案計畫上，使你成為更優秀的領導者。就像學習任何一門新的學科一樣，我們會剔除特定的技能，讓你進行作業練習，剛開始可能覺得不夠真實，但這跟其他任何形式的練習沒什麼兩樣 —— 你還不算是真正上場，但你知道你正在提升自己的能力，以便正式上場。

這本實戰手冊的內容架構

在第二章，我們摘要了三十多年研究所得出的五大實務要領模式。如果你讀過《模範領導》或曾使用過「領導統御實務要領量表」，或許就不需要再複習那個模式。但如果你需要被提點一下，它就在這裡。要是你對五大實務要領很陌生，請仔細閱讀那個章節 —— 它會提供你日後練習的基礎。

　　第三章教你如何挑出合適的領導專案。為了能夠專注在自己的工作上，你一定要挑出一個真的專案來作為你省思、應用和行動的目標。從第四章到第八章，你將可以把五大實務要領應用在那個專案上。到了第九章，等你完成你的專案（或者正在順利進行）第九章也就算完成了，你會在這個章節裡看到一些題目，是用來協助你省思這個專案的高潮與低谷，以及你所學到的課題 —— 然後再把它們應用在下一次的個人最佳領導專案計畫上。

　　在你進行這些作業練習時，手冊會從三個方面給予協助：

1. **省思**。我們希望你好好想想你要如何著手領導統御這件事。我們所提出的問題是用來質疑你的思維，協助你更留意每項實務要領的落實程度。我們從研究裡得知，最佳領導者會花時間去檢視自己做過的事以及計畫要做的事，這跟你要不天生會領導、要不天生不會領導的迷思完全不同。你可以稱它是「領導統御的智力遊戲」。手冊裡的作業，會要求你更審慎地省思經驗所教會你的領導課題。

2. **應用**。我們想要你把領導統御的五大實務要領和十大承諾，應用在你的專案計畫上。為了做到這一點，我們會提供作業練習來讓模範領導五大實務要領發揮作用。在某些個案裡你可以獨自應用，而在某些個案裡則必須跟團隊成員溝通，找他們一起參與。

3. **可能影響**。在經過省思和應用之後，你會對自己、團隊、組織、你的專案計畫有更清楚的認識。每一章結束前，我們都會請你將所學帶來的可能影響寫下來。

完成實戰手冊的指引

最理想的狀況是，你把這本實戰手冊當成是為專案計畫做好準備的一種方法，將實戰手冊從頭到尾按部就班地寫完──這有點像是上場比賽前的一系列熱身運動。但是從實際層面來看可能辦不到，因為你使用它的方法得視專案性質及當下的處境而定。以下是完成這本手冊的一些建議：

● 如果你的專案計畫才剛啟動，建議先從第四章的**以身作則**開始，然後一路按部就班地進行到第八章的**鼓舞人心**。

● 如果你的專案計畫已經進行了一段時間，可以先快速瀏覽一遍，不用寫任何題目，然後再翻回去，從能解決你當前問題的作業練習開始寫起。比如說，你的團隊可能一直在加班無法喘口氣，而你相信他們需要一些肯定和公開頌揚的活動，在這種情況下，就先從第八章**鼓舞人心**開始。又或者你覺得內部有衝突產生，原因是缺乏足夠的共識和共同價值觀，那就從第四章的**以身作則**開始。但務必確保五大實務要領都能兼顧到，盡快完成所有作業練習，因為它們是用來改善你的領導方法。

● 你可能已經完成實戰手冊裡的一些作業活動，比方你和團隊已經花了很多時間找出共同願景，達成共識。如果你已經做過一些實戰手冊所要求的事情，那就先暫停一下，確定你對這些方法已經得心應手，不用再重來一遍，就可以移往下一個作業活動。

● 你可能會自行決定想從某一個章節開始──假設是第七章而不是第四章──因為你覺得那一章的作業活動對你團隊的現況來說尤其重

要。又或者你可能發現有些題目比其他題目來得更豐富和更管用。這也沒關係，你就先從最感興趣的實作練習開始。我們鼓勵你用任何能引起你共鳴的方法來完成這本實戰手冊。

● 不管你要如何使用這本實戰手冊，切記千萬不要漏掉任何一項領導統御實務要領。

　　有時候你可能發現自己會說：「我不知道。」譬如我們問你：「你的專案團隊裡有誰？」你今天的回答可能是：「我不知道，因為還沒選定團隊成員。」這是完全可以接受的答案。如果你還沒準備好回答某個問題或者還沒完成某項作業活動，可以把實戰手冊暫擱一旁，先完成必須做的事情，才能給出答案或展開行動；不然就先換到下一題或下一個作業活動，等你都準備好了再回來進行。而重點在於，不管你中間跳過什麼，一定要回頭來完成。

　　要成為一位更優秀的領導者，需要把五大實務要領中的每個要領都學會並做到。你可能對其中幾項比較擅長，但是你還是得培養出執行所有要領的能力。這就像是參加五項全能運動一樣，如果你想參賽，就不能選擇退出任何一場比賽。你可能覺得你對某幾項比賽的準備較為周全，但還是得全程參加。

2 模範領導五大實務要領

　　自從一九八二年以來，我們就對領導統御進行廣泛研究，在挑選訪談和調查的對象時，盡量避開位高權重、常上媒體的知名人士，希望能多了解絕大多數領導者所做的事情 —— 也就是會在組織裡成就非常之事的普通人。我們把研究集中在普通人身上，他們帶領團隊、管理部門、治理學校、組織社群團體、擔任學生和社團的志工。

　　為了研究，我們曾請教成千上萬的人 —— 有書面形式也有面對面訪談 —— 請他們分享個人最佳領導經驗。我們請每個人都挑出一個專案、一個課程或者一個重要事件，它必須能夠代表他們自認為「在實作上表現做好」的領導經驗 —— 每當他回想傑出的領導統御表現時都會想到它。

　　儘管每個人的故事都不一樣，但我們還是讀到和聽到類似的作為模式。我們發現當領導者拿出個人最佳表現時，就會使用模範領導五大實務要領。他們會：

- 以身作則
- 喚起共同願景
- 向舊習挑戰

- 促使他人行動
- 鼓舞人心

　　在你把它們應用在自己的專案之前，我們先大致了解每一個實務要領的重點。

以身作則

　　頭銜是被賦予的，贏得別人的尊重，得要看你的作為。如果你想得到全力的支持，達到高標，就必須親身示範你指望別人做到的行為標準。

　　以身作則要有效，就得先相信某件事情。身為領導者的你，理當堅守自己的信念，所以你最好有一些信念可以堅守。而你必須做出的第一個承諾就是找到自己的聲音，確認共同價值觀，並用你的風格將它們表達出來。

　　光靠流利的口才來說出自己的個人價值觀還不夠，如果你要表示你是認真的，行為會比言語來得更重要。你的言行必須一致。模範領導者會在作為上吻合共同價值觀，藉此樹立榜樣。他們都是先行動，所以你也要先行動，透過日常的行動來證明你對自己的信念是全心投入的。為了在共同的價值觀上建立起共識，你必須採取必要的行動，不管你多努力地嘗試或者權力多大，都不能把自己的價值觀強加在別人身上。除非共事者都有共同的價值觀，否則他們不會給你任何承諾，頂多只是被動服從。

　　個人最佳表現的專案計畫的最大成就，在於過程中努力不懈、堅

定不移、對工作的勝任，以及對細節的注重。我們很驚訝，領導者用來樹立榜樣的行動通常都是很簡單的事情。領導者當然有營運和策略計畫，只是他們所描述的行動都是日常會做的事，如此才能實踐他們所鼓吹的東西。

　　樹立榜樣的方法包括多花些時間在某個人身上，和同事們一起並肩作戰，說一個可以讓價值觀活起來的故事，在局勢不確定的時候經常現身，藉由請教問題來協助人們思索價值觀和優先要務。從根本上來說，以身作則就是透過個人的直接參與和行動，來贏得領導的權利以及大家對你的尊重。人們必須先信任信差，才會留意信差所帶來的訊息內容。他們要先追隨那個人，才會照那個人的計畫行事。

喚起共同願景

　　人們在描述自己的個人最佳領導經驗時，都提到他們會為組織想像出一個精采可期、有高度吸引力的未來。他們對未來的各種可能有願景和夢想，他們全然地相信那些夢想，他們自信有能力成就非常之事。每一個組織、每一個社會運動都是從夢想開始。

　　領導者會靠想像各種精采美好的可能來勾勒未來。他們會掃視時間的地平線，想像一旦和團隊成員抵達終點時，那裡會藏有什麼契機。領導者渴望做出一番成績，他們渴望改變現況，創造出別人沒有創造過的事物。

　　就某方面來說，領導者的生活是倒著過的。在他們開始自己的專案計畫之前，就先在心裡看到未來成果的樣貌，很像建築師先畫一張藍圖或工程師先做一個模型，未來的那個清楚影像拉著他們前進。若

只有領導者看得到願景，不足以在組織裡籌組任何活動或發動重要變革。一個人若是沒有團隊成員，就不算是領導者。但是除非人們願意接受願景，把它也當成自己的願景，否則不可能追隨你。領導者不能下令要大家全力以赴，只能靠激發。領導者會訴諸於共同抱負，在共同的願景下爭取大家的支持。

　　身為領導者要爭取人們支持你的願景，必須先認識自己的團隊成員，用能夠激勵和提升士氣的方式與他們建立關係。人們必須相信自己的領導者了解他們的需求，在乎他們的利益。只有靠深入了解團隊成員的夢想、希望、抱負、願景和價值觀，才能爭取到他們的支持。領導統御是一種對話，不是獨白。

　　領導者會在別人的希望和夢想裡注入生命，讓他們看見未來的各種精采可能。領導者會向團隊成員指出這個夢想為什麼有共同利益，藉此打造出共同目標。如果你無法表現出你對大家的願景充滿熱忱，就點燃不了他們心中的熱情火苗。你必須透過生動的語言和表達方式來傳達你的熱情。

　　無一例外的，我們的研究對象都表示在表現最佳的專案裡，他們都是抱著極大的熱忱全力以赴。他們的興奮情緒具有傳染力，於是從領導者身上傳到團隊成員身上。他們對願景的信念和承諾正是那個火苗，燃燒出熊熊火燄般的士氣。

向舊習挑戰

　　領導者會去探險。我們的研究對象都不是會坐等幸運之神降臨的人。雖然「運氣」或「天時地利」對領導者想要抓住的契機或許很重

要，但是帶領大家成就非常之事的領導者，都會主動迎接挑戰。

　　我們蒐集到的個人最佳領導經驗，都涉及某種程度的挑戰，可能是開發出創新的產品；想出最先進的服務；制訂出石破驚天式的法令；帶頭發起振奮人心的活動，找青少年加入環保的行伍；幫某官僚式的軍事計畫打造出革命性的變革；開辦新的工廠或事業。無論什麼挑戰，都涉及現狀的改變。從來沒有領導者認為自己是靠維持現狀成就出個人最佳領導經驗，所有領導者都會打破「一切照舊」的模式。

　　領導者是帶頭先驅 ── 也就是願意走出去探索未知領域的人。他們尋找機會，掌握主動權，對外尋求創新的改良方法。但不管是你還是其他領導者，都不可能是新產品、新服務、新流程的唯一創作者或發起者。產品和服務的創新往往來自於顧客、客戶、供應商、實驗室人員和第一線人員，而流程的創新則多半來自於這份工作的從業人員。在機會的尋找上，你能使力的地方是肯定好的點子、支持那些點子，以及有意願和決心去挑戰體制，讓新的產品、流程、服務及體制得以被採納。

　　領導者很清楚任何創新和變革都必須不怕冒險地進行實驗，不斷製造小贏成果，從經驗中學習。漸進式的步驟和各種小小的勝利成果堆疊起來，就能建立起足夠的自信去迎接更大的挑戰。這種漸進式的建立方式，可以強化團隊成員對長遠未來的承諾度。但不是每一個人都能自在地面對風險和不確定性，所以你也必須留意團隊成員有沒有適應挑戰的能力，能不能對變革全力以赴。

　　但哪怕是最有技術和準備最周全的人都不可能百分之百成功，尤其是當他們正在冒很大的風險，實驗沒有人試過的全新概念和方法時更可能會失敗。冒險和實驗總是伴隨著錯誤和失敗，要解鎖那扇通往

機會的大門，就得靠學習這把鑰匙。最棒的領導者也是最棒的學習者，你必須為人們打造出一種可以從失敗中學習，也可以從成功經驗裡學習的氛圍。

促使他人行動

　　偉大的夢想不會只單單透過領導者的行動就能實現，領導統御是一種團隊協作。在訪談過成千上萬個個人最佳領導經驗之後，我們想到一種簡單的方法，可以測驗對方是否正往「成為領導者」的路上邁進。越常使用「我們」這兩個字而不是「我」這個字，就表示他前進得越多。

　　模範領導者會促使他人行動。他們會建立信任，增進關係，促進合作。這種團隊意識不限於少數的直屬下屬或親信。在今天的虛擬組織裡，企業不能自我設限於由忠貞人士組成的小團體裡，它必須囊括同儕、經理、顧客和客戶、供應商和市民——也就是所有跟這個願景有利害關係的人。你必須用某種方法把那些必須承受最後結果的人都找進來，讓他們能夠把份內工作做好。

　　領導者也很清楚無論是誰，只要自覺很弱、沒有能力或被疏離，就不可能拿出最出色的表現。他們知道那些被期待拿出成果的人，必須感受到自己的實力和自主性。領導者會設法藉由自主權的提升和能力的培養來強化他人的分量，他們會讓人們願意履行他們所做過的承諾。他們知道身為領導者，不能緊抓住權力不放，一定要釋出。當你信任別人，給他們更多的自由裁量權、權限和資訊時，他們才更有可能利用自己的力量成就出非常之事。

　　在我們分析的個案裡，領導者總是自豪地提到團隊作業、信任和授權，視它們為非常成就裡的基本要素。領導者一定要有能力「促使他人行動」。如果領導者令團隊成員覺得自己很弱、沒有自主能力或者被疏離，他們就不會拿出最好的表現，也不會追隨你太久。當你讓別人自覺很有實力，能力很強 —— 彷彿他可以做到比原先想像還要多的事情時 —— 他們就會全力以赴，超越你的期許。當領導統御是一種建立在信任與自信上的人際關係時，人們就會勇於冒險，做出改變，使組織和活動重現生機。

鼓舞人心

　　攻頂艱辛又漫長。人們會疲憊、受挫和幻想破滅，通常會想放棄。領導者要能鼓舞人心，讓團隊成員堅持下去。發自內心的關懷能提振士氣，鼓勵人們繼續前進。沒有人喜歡被視為理所當然。

　　鼓舞這種事可以很誇張，也可以很簡單。領導者的分內工作之一，就是肯定成員的貢獻，對個人的傑出表現致上謝意。在我們蒐集的個案裡，有成千上萬個對人肯定的例子。我們聽聞過的鼓舞手法形形色色，包括遊行樂隊、穿上戲服的短劇表演、「回顧一生」的模仿劇，以及 T 恤、卡片、個人親筆謝函和許許多多其他獎勵方式。領導者會大力頌揚價值觀和勝利成果，打造社群精神。說到鼓舞人心，公開頌揚這種事雖然很好玩，有很多活動，但它不是只有好玩和活動而已，也不是為了創造出很假的革命情感的浮誇儀式。當人們察覺到這一切只是裝模作樣時，他們就會嫌惡地轉身離開。鼓舞人心是一件非常嚴肅的事，關係到領導者如何利用顯見的行為，把獎勵和表現連結

在一起。

　　當領導者努力提升品質、從災難中復原、開創出新的服務或做出任何重大的變革時，一定要確保大家看見的作為，吻合共同的價值觀，同時提醒大家成功是每個人共同努力下的結果，是透過團隊合作才實現的。除此之外，領導者也很清楚公開頌揚和各種儀式若夠真誠，完全發自內心，就能建立起強烈的集體認同感和社群精神，帶領團隊挺過艱困的非常時期。

領導統御的五大實務要領和十大承諾

　　模範領導五大實務要領中有各種作為，都是學習領導統御的基石。我們稱這些作為是領導統御的十大承諾。五大實務要領和十大承諾正是這本實戰手冊的架構，也是其中各種作業活動的背後基礎。我們會在後面幾章將它們應用到你的專案裡。

　　下一頁是五大實務要領和十大承諾的概述，它們是領導者在組織裡成就非常之事時會運用到的技巧，也可以視為你通往成功之路的嚮導。

表2-1 模範領導的五大實務要領和十大承諾

以身作則	1. 找到自己的聲音,確認共同價值觀,藉此闡明價值觀。 2. 在作為上必須吻合共同價值觀,才能樹立榜樣。
喚起共同願景	3. 想像各種美好的可能,勾勒未來。 4. 訴諸於共同抱負,在共同的願景下爭取大家的支持。
向舊習挑戰	5. 尋找機會,主動出擊,對外尋求創新的改良方法。 6. 勇於冒險地進行實驗,不斷製造小贏成果,並從經驗中學習。
促使他人行動	7. 建立信任,增進關係,促進合作。 8. 藉由自主權的提升和能力的培養來強化他人的分量。
鼓舞人心	9. 對個人的傑出表現表達謝意,肯定貢獻。 10. 大力頌揚價值觀和勝利成果,打造社群精神。

版權聲明 ©2017. James M. Kouzes and Barry Z. Posner. *The Leadership Challenge.* 版權所有,翻印必究。欲知更多詳情,請連結網站 www.leadershipchallenge.com

3 選出你的最佳領導專案計畫

　　在當今的組織裡，專案計畫是人們整合工作最常見的方法。出版這本實戰手冊是一個專案計畫；把某個新產品推出上市是一個專案計畫；製作一部電影是一個專案計畫；落實品質改良流程是一個專案計畫；改造你的屋子是一個專案計畫；舉辦今年的管理會議是一個專案計畫；為新的收容中心募款是一個專案計畫。有些專案是大型專案裡的小型專案，而且通常一個專案計畫會接在另一個專案計畫後面，所以我們希望你從真實世界裡挑選出一個領導專案計畫，作為五大實務要領的應用架構，靠它來啟動《模範領導實戰手冊》。

　　你的領導專案計畫必須要能符合以下六個基本條件：

- **這個專案計畫是為了改變常態。**雖然有些專案計畫是為了保持現況，但那不是領導專案。你挑出的專案必須是你正要開始做新的事情，或者是在原本的做法上有重大改變，抑或兩者皆有。
- **你是那位領導者。**你可能是某幾項專案計畫的參與者，但為了這本實戰手冊，你必須挑定一個由你來領導計畫的專案。你會當領導者可能是因為你本身就是經理，這是你工作的一部分，又或者你是被你的經理選出來擔任領導者。也有可能是因為團隊推選你出來或者你自願擔綱才成為領導者。不管基於什麼理由，反正就是要挑一個

由你來擔任領導者的專案計畫。

- **這個專案計畫有可以辨識的起點和終點。**儘管可能會有其他事情同時進行，且會在你的專案結束之後繼續下去，但你的專案計畫是有期限的。
- **這個專案計畫有必須完成的具體目標。**這個專案計畫終了的時候，會成功釋出一個新產品、設置一套新系統，抑或成功地攻上山頂。不管目標是什麼，都會有個東西在專案結束時可以讓每個人指著它說：「我們辦到了！」
- **這個專案計畫有囊括其他人。**有些專案計畫可能靠你自己就可以完成，但是領導專案絕不可能靠你一人完成。它需要有個團隊才能成就非常之事。
- **這個專案計畫正在開始或者才剛開始。**雖然不管你正在忙什麼，都要盡量謀求領導技能的提升，但是為了這個練習活動，你不能挑已經進行到一半的專案計畫。如果你能選擇一個才剛要開始或馬上就要開始的專案計畫，這本實戰手冊才能發揮最大功用。

以下是幾個專案計畫的例子，都適用於這本實戰手冊：

- 你正要試著建立一套新的系統或流程——比方說新的顧客資源管理系統——預計會遇到一些阻力。
- 你被指派去幫一家工廠轉虧為盈，這家工廠的勞資關係向來不佳。
- 你自願帶領大家在當地辦一場有利環保的清掃活動。
- 你正在領導一個團隊，這個團隊必須設計出一套新的教師培訓課程。

- 你正在接管一個已經偏離正軌的專案計畫，你必須重新啟動它，而且還得在原始期限前完成。
- 哪怕經濟正在衰退，你的預算遭到刪減，但你這一季的業績還是要有成長。
- 你正在打造一個新的活動，可能是一個課程、一本刊物、一個社團，或者一件從來沒有人做過的事情。
- 你正在開創一個新的領域或推出一個新的產品。

　　除了以上列出的六個條件之外，還有一件事你必須牢記在心：這是個人最佳領導專案計畫，你必須拿出最優質的表現，因而得挑選一個堪稱重大挑戰的專案計畫。因為我們從研究中得知，挑戰是大器養成的好機會。當人們盡心竭力地超越以前的成就時，才有可能拿出最佳的表現。新的作業任務、重大的變革、跨文化的經驗等，都是能提供這類機會的合適專案。只有你自己能決定什麼對你來說過頭了一點，但是為了這份練習著想，千萬不要挑太容易上手的。

　　現在就使用這本實戰手冊。先翻到下一頁描述你的專案計畫，然後在接下來的五個章節裡，依序探索模範領導五大實務要領，在你領導專案的同時，也擴大和提升了你的領導實務作業。我們相信後面幾頁的題目和練習，將有助於你拿出個人的最佳表現。

我的個人最佳領導專案計畫

　　花幾分鐘時間思索一下你的領導角色（是正式或私下？是被任命的？推選的？還是自發性的？），以及符合條件的各種專案計畫（是迫在眉睫的專案？或是剛開始的專案？）。你的專案計畫不一定得是辦公室裡的專案計畫。記住我們開頭說過的話：領導統御人人有責。你的專案計畫可以是社區、宗教組織、專業社團或志工社團，或者工作上的。你會發現你可以把這本實戰手冊運用在各種變革方案裡。

　　寫下你已經挑定的專案計畫。

_____

_____

_____

_____

　　現在來看一下你目前對這個專案計畫了解多少。（請記住，你可能無法回答所有問題，只要回答你能回答的，等你完成其他部分，再回頭補上。）

　　就目前已經決定好的部分來看，這個專案計畫的目標是什麼？

_____

_____

_____

_____

期限是什麼時候？

_____

_____

_____

_____

預算多少？

_____

_____

_____

_____

你在領導這個專案的時候，會面臨哪些挑戰？比方說：

- 因為經濟衰退，資金將很有限。
- 團隊成員對變革無動於衷或者很抗拒。
- 團隊成員有很厲害的技術，但是在合作上欠缺技巧。
- 上一個新產品或服務沒有很受歡迎，所以這一次一定要成功，因此壓力很大。
- 這個新方案沒有得到很多高層的支持。

領導這個專案計畫會遇到的挑戰是：

_____

_____

目前這個專案團隊裡頭有誰？包括頭銜、職位和角色，還有你對和專案成功與否有切身關係的成員的了解。譬如：

- 馬里歐──人力資源代表──為團隊配備人力；強項包括人際技巧和熟悉組織內部每一個人的情況。
- 琴恩──資深軟體工程師──負責監督專案裡的技術層面；有很強的技術能力、很受到工程師們的信任、非常有創意，懂得創新。
- 泰倫──技術文檔工程師──負責手冊內文；是組織裡的新人，但是很有才華，可以把技術性素材改寫成非技術性背景的人也看得懂的內容。

團隊成員：＿＿＿＿＿＿＿＿＿＿＿＿＿＿＿＿＿＿

團隊成員：＿＿＿＿＿＿＿＿＿＿＿＿＿＿＿＿＿＿

團隊成員：＿＿＿＿＿＿＿＿＿＿＿＿＿＿＿＿＿＿

團隊成員：＿＿＿＿＿＿＿＿＿＿＿＿＿＿＿＿＿＿

團隊成員：_____

_____

團隊成員：_____

_____

團隊成員：_____

_____

團隊成員：_____

_____

　　如果你的團隊成員超過八個，請複印這一頁，或者繼續寫在別張紙上。

　　還有其他哪些可能的團隊成員在你的考慮之列？有其他哪些利害關係人對這個專案的成功有既得利益？利害關係人可能是你很需要對方支持的一位同儕，也可能是你的老闆或另一位經理，抑或是一個供應商、一位重要的顧客或客戶，後者可能會受益於你在這個專案裡所打造出來的成果。每個利害關係人都是用什麼標準來衡量成功？

　　比方說：

- 利害關係人或利害關係團體：**人力資源經理李克**
- 成功的標準：**士氣高昂，大家都說他們高度滿意團隊裡的其他成員；人員流動率很低。**
- 利害關係人或利害關係團體：**財務長卡蘿琳**
- 成功的標準：**專案計畫沒有超出預算，財務報表準時交付。**

- 利害關係人或利害關係團體：**臨床服務中心主任杰米**
- 成功的標準：**完成先進技術和流程部署；在專業期刊發表研究成果。**

　　利害關係人或利害關係團體：＿＿＿＿＿＿＿＿＿＿＿＿＿

　　成功的標準：

＿＿＿＿＿＿＿＿＿＿＿＿＿＿＿＿＿＿＿＿＿＿＿＿＿＿＿＿＿

＿＿＿＿＿＿＿＿＿＿＿＿＿＿＿＿＿＿＿＿＿＿＿＿＿＿＿＿＿

＿＿＿＿＿＿＿＿＿＿＿＿＿＿＿＿＿＿＿＿＿＿＿＿＿＿＿＿＿

　　利害關係人或利害關係團體：＿＿＿＿＿＿＿＿＿＿＿＿＿

　　成功的標準：

＿＿＿＿＿＿＿＿＿＿＿＿＿＿＿＿＿＿＿＿＿＿＿＿＿＿＿＿＿

＿＿＿＿＿＿＿＿＿＿＿＿＿＿＿＿＿＿＿＿＿＿＿＿＿＿＿＿＿

＿＿＿＿＿＿＿＿＿＿＿＿＿＿＿＿＿＿＿＿＿＿＿＿＿＿＿＿＿

　　利害關係人或利害關係團體：＿＿＿＿＿＿＿＿＿＿＿＿＿

　　成功的標準：

＿＿＿＿＿＿＿＿＿＿＿＿＿＿＿＿＿＿＿＿＿＿＿＿＿＿＿＿＿

＿＿＿＿＿＿＿＿＿＿＿＿＿＿＿＿＿＿＿＿＿＿＿＿＿＿＿＿＿

＿＿＿＿＿＿＿＿＿＿＿＿＿＿＿＿＿＿＿＿＿＿＿＿＿＿＿＿＿

　　利害關係人或利害關係團體：＿＿＿＿＿＿＿＿＿＿＿＿＿

　　成功的標準：

＿＿＿＿＿＿＿＿＿＿＿＿＿＿＿＿＿＿＿＿＿＿＿＿＿＿＿＿＿

＿＿＿＿＿＿＿＿＿＿＿＿＿＿＿＿＿＿＿＿＿＿＿＿＿＿＿＿＿

利害關係人或利害關係團體：＿＿＿＿＿＿＿＿＿＿＿＿＿＿＿＿＿
成功的標準：

＿＿＿＿＿＿＿＿＿＿＿＿＿＿＿＿＿＿＿＿＿＿＿＿＿＿＿＿＿＿＿

＿＿＿＿＿＿＿＿＿＿＿＿＿＿＿＿＿＿＿＿＿＿＿＿＿＿＿＿＿＿＿

＿＿＿＿＿＿＿＿＿＿＿＿＿＿＿＿＿＿＿＿＿＿＿＿＿＿＿＿＿＿＿

　　如果你的主要利害關係人超過五個，請複印這一頁，或者繼續寫在別張紙上。

　　對於這個專案計畫，你現在的心情如何？請列出幾個字眼來描述這些心情，譬如興奮、害怕、惶恐、滿心期待，諸如此類。

＿＿＿＿＿＿＿＿＿＿＿＿＿＿＿＿＿＿＿＿＿＿＿＿＿＿＿＿＿＿＿

＿＿＿＿＿＿＿＿＿＿＿＿＿＿＿＿＿＿＿＿＿＿＿＿＿＿＿＿＿＿＿

＿＿＿＿＿＿＿＿＿＿＿＿＿＿＿＿＿＿＿＿＿＿＿＿＿＿＿＿＿＿＿

＿＿＿＿＿＿＿＿＿＿＿＿＿＿＿＿＿＿＿＿＿＿＿＿＿＿＿＿＿＿＿

　　你預期這個專案計畫會有什麼地方令你受挫或感到棘手？具體列出最有挑戰的幾個地方。

＿＿＿＿＿＿＿＿＿＿＿＿＿＿＿＿＿＿＿＿＿＿＿＿＿＿＿＿＿＿＿

＿＿＿＿＿＿＿＿＿＿＿＿＿＿＿＿＿＿＿＿＿＿＿＿＿＿＿＿＿＿＿

＿＿＿＿＿＿＿＿＿＿＿＿＿＿＿＿＿＿＿＿＿＿＿＿＿＿＿＿＿＿＿

＿＿＿＿＿＿＿＿＿＿＿＿＿＿＿＿＿＿＿＿＿＿＿＿＿＿＿＿＿＿＿

為什麼這個專案很重要？

對你而言：

_____

_____

_____

_____

對你的組織而言：

_____

_____

_____

_____

對其他人而言：（譬如社群、利害關係人、其他部門、同事或其他人：

_____

_____

_____

_____

4 以身作則

　　在成為模範領導者的這條路上，你必須踏出的第一步是先找到你的個人價值觀和信念。你必須把引導你決策和作為的那套原則界定清楚，然後用自己的話表達出來，不要透過別人的嘴巴。你必須找到自己的聲音。

　　但是領導者不能只為自己發聲，也要為團隊和組織發聲，所以你必須了解和領會成員的價值觀，想辦法確認你們之間的共同價值觀。這樣一來，就等於給了他們一個在乎的理由，而不只是一個必須服從的命令。

　　最後，領導者必須堅守自己的信念。他們會身體力行他們所鼓吹的主張，用行動來向別人證明他們活出了自己所信奉的價值觀，也會確保其他人堅守那些已獲共識的價值觀。言行一致才能建立起你的信譽。

　　要以身作則，就得先找到你的聲音和確認共同的價值觀，藉此闡明價值觀，而在個人作為上也要吻合共同價值觀，才能樹立榜樣。

　　以下是我們從個人最佳領導經驗中蒐集的以身作則的例子：

- **某製造廠的經理**，發現廠址四周的維護狀態，明顯不符該廠想成為「世界級工廠」的願景。於是在一只兩加侖裝的塑膠桶上

寫下「世界級工廠」幾個大字，然後開始每天四處走動，撿拾垃圾。消息傳得很快，不消多久，就出現了更多塑膠桶。他拿自己作祭所展開的這場變革很快成為廠裡的常態作業，也開始激盪出更多新的點子，教大家如何更輕鬆上手地清理工廠。

- **某電信公司的資深地區經理**，剛上任就帶著管理團隊開會，目的是要研擬出一套準則，作為所有團隊成員的方向指南。她一開始先分享自己的個人價值觀，然後也要團隊一起討論他們自己的價值觀。在會議中團隊找出了一套共同價值觀，並承諾會後將與各自的下屬好好討論。

- **某社區連鎖便利商店的總經理**，不是只用嘴巴說他很重視員工的滿意度，以及工作與家庭之間的平衡，他會在重要的國定假日，跟總部辦公室的其他職員留守店裡工作，讓員工可以陪伴家人。

- **某電力天然氣公用事業單位的部門經理**，總是積極地示範顧客的重要性。她每天跟員工互動都會提到顧客，藉此強調她對顧客的重視。在幹部會議裡，第一條議程也是顧客滿意度。

- **某內城區教育系統的新任督學**，接管的學區跟其他學區一樣，面臨嚴重財政赤字、多數學生測驗分數低於平均標準、入學學生三教九流等等。他想用能見度很高的方法來向大家證明他會全力以赴進行改革。學校開學的第一天，他就在市區附近一家大型體育館舉辦了一場全區集會，與會者是這個地區的學生、老師和行政人員。他寫了一張誓詞致贈給大家，並在所有觀眾面前當著地方高等法院法官的面起誓。然後每一年續任督學時，都會再重新起誓一次。

目標

寫完這一章的練習之後，你可以：

- 向專案團隊的成員說清楚你的個人價值觀。
- 找團隊一起討論他們的價值觀。
- 在共同價值觀上建立起共識。
- 讓你的領導作為吻合共同價值觀。

┃省思與應用┃

省思一

　　回顧過去幾年你參與過的專案計畫，你不是專案領導者也沒關係。從其中找出二或三件對你來說最有意義、最能打起精神、最充實和最好玩的事。你會用什麼話來形容這些經驗？是什麼原因使它們變得這麼有意義、這麼能讓人打起精神、這麼充實和這麼好玩？是什麼讓你想繼續參與下去？將這些屬性表列出來。

_____

_____

_____

_____

　　以上你所列出的屬性說明了在專案計畫的執行上，你重視的是什麼？譬如你可能會說：「對於那個專案，我最喜歡的一件事是，有機會跟一群很有才幹的人共同參與一個重要專案。這讓我知道『團隊合作』、『創新』和『才智』對我來說是很重要的價值。」這個問題的另一個問法是：「什麼價值觀和作為對你來說很重要，可以被拿來創造出一種讓你覺得開心且成功的氛圍？」

_____

_____

省思二

　　想像你在專案計畫成功結案一年後，無意中聽到有人在談論你經手的專案所傳承下來的東西。你希望聽到他們提到哪二、三件事情？

　　你已經在做什麼來幫忙創造出這種傳承？

　　你必須開始做什麼，才能創造出這種傳承？

應用一

闡明價值觀

米爾頓‧羅克奇（Milton Rokeach）是人文價值觀念領域的權威學者和研究人員，他說所謂價值觀就是一種持久的信念，關係到事情該怎麼做，或者我們想要看到的結局。價值觀是一種本質上對我們來說很重要的原則，不太可能輕易改變。

你的價值觀是左右你決策的基本原則，所以絕對要很清楚會導引你日後作為的價值觀，因為你的個人信譽都得靠它。我們先從闡明價值觀開始，因為你相信它們會在這個專案裡導引你的作為。

確認你的價值觀

對這個專案來說，哪些價值觀攸關它能否圓滿完成？哪些原則你希望能讓大家知道，並了解它們的輕重緩急？檢視以下我們列出的常見價值觀。清單最後有空行，請補上你認為該列入的選項，然後勾選出你覺得攸關專案成功與否的五個價值觀。

☐ 成就／成功	☐ 可靠性	☐ 快樂
☐ 自主權	☐ 原則	☐ 和諧
☐ 美	☐ 多元化	☐ 健康
☐ 挑戰	☐ 效益	☐ 誠實／誠信
☐ 溝通	☐ 同理心	☐ 希望
☐ 勝任能力	☐ 平等	☐ 幽默
☐ 競爭	☐ 家庭	☐ 獨立
☐ 勇氣	☐ 彈性	☐ 創新
☐ 創意	☐ 友誼	☐ 聰明才智

☐ 好奇心	☐ 自由	☐ 愛／愛的表現
☐ 果斷	☐ 成長	☐ 忠誠
☐ 開明的思想	☐ 尊重	☐ 團隊合作
☐ 耐心	☐ 冒險	☐ 信任
☐ 權力	☐ 保障	☐ 真理
☐ 生產力	☐ 服務	☐ 多樣化
☐ 富裕／財富	☐ 簡樸	☐ 智慧
☐ 品質	☐ 靈性／信仰	☐ ＿＿＿＿＿＿＿＿
☐ 肯定	☐ 實力	☐ ＿＿＿＿＿＿＿＿

訂出你的輕重緩急

　　你會有很多價值觀，但有時候某一價值觀可能會跟其他價值觀產生衝突。比方說，假設你找到一種全新的技術可以提高生產力，但也因此裁員。在你的決策過程裡，你可能要把生產力和獲利性拿出來跟忠誠、保障，以及對員工家計的考量做權衡。這種衝突無法避免，所以你一定要很清楚其中的輕重緩急，才知道如何解決這些衝突。

　　為了讓你更清楚你對各種價值觀的重視程度，請把你挑出來的五個價值觀填在下面的空格裡，然後幫它們分配點數，總點數不能超過100。每一個你認為重要的價值觀，都一定要有明確的點數，如果你決定不給它任何點數，它就不應該出現在欄位裡。

價值觀　　　　　　　　　　　點數

＿＿＿＿＿＿＿＿＿＿　　　＿＿＿＿＿＿

＿＿＿＿＿＿＿＿＿＿　　　＿＿＿＿＿＿

＿＿＿＿＿＿＿＿＿＿　　　＿＿＿＿＿＿

＿＿＿＿＿＿＿＿＿＿　　　＿＿＿＿＿＿

＿＿＿＿＿＿＿＿＿＿

　　總點數：100

這個作業活動告訴你什麼，你覺得什麼才是最重要的？

應用二

檢查吻合度

如果你的領導專案計畫是在一個正式的組織裡，它可能會有一套明確的組織價值觀供大家奉行。我們從研究中得知，如果你的個人價值觀跟組織的價值觀有衝突，你就不可能完全忠於組織。所以先花點時間檢查一下兩者是否吻合。

* 你的組織有一套正式頒布的價值觀嗎？如果有，請拿出來看一下。就算沒有，也可能有一套不管怎麼樣都得奉行的價值觀。比方說，你觀察到無論做什麼事情，員工都會起身回到自己的小隔間或辦公室去獨自完成，這表示這個組織重視個人成就甚過於團隊合作。另一個跟價值觀有關的可能線索是，所有的獎項和肯定都只贈予個人，而非團體。

* 你組織的價值觀是什麼？

- 如果你不清楚你組織的價值觀，你要怎麼做才能弄清楚？

- 現在思索一下你的個人價值觀和組織的價值觀是否相通？它們有什麼地方是吻合的？你的價值觀和組織的價值觀在哪個地方好像有衝突？

個人價值觀	組織的價值觀	彼此吻合嗎？（有／沒有）

　　如果你的價值觀和組織的價值觀似乎很吻合，那就前往下一題。如果沒有，就得決定如何解決這中間的衝突。

　　有一個方法可以幫你在個人價值觀和組織價值觀之間找到吻合點，就是找你的經理討論這個問題。另一個辦法是，跟你的家人或要好的同事聊一聊。我們發現有時候這種衝突，只是源自於彼此認識不深，也有些時候，是因為你想不出來要怎麼同時滿足自己和組織的需求。不管根本原因是什麼，你都必須處理當中的衝突。如果你無法完全認同組織所重視的價值觀，你就沒辦法成為一個良好的榜樣。

□彼此吻合。（移往下一題）
□有衝突。為了解決這些衝突，我會做以下幾件事：

_____

_____

_____

_____

應用三

建立和確認共同價值觀

　　當你是一位獨自工作的獨立貢獻者時，你或許能夠充分利用自己的個人價值觀，把它當成行事指南。可是當你是領導者時，若要其他人全力支持你，就得顧及對方的價值觀。因為我們從研究中得知，唯有對個人價值觀有強烈的意識，而且知道別人跟你有一樣的價值觀，你才會願意全力以赴，矢志支持，所以在專案一開始的時候就要先討論。如果還沒討論過，現在正是時候，可以跟你的團隊成員好好談一

談價值觀。

注意！
如果你還沒組成團隊，組好之後一定要回頭來做這個練習。

以下是我們建議你做的事：

- 把專案計畫裡最直屬於你的成員召集起來開會。（如果可以在一個僻靜的環境下召開，那是最好的。）讓人們提前知道，你們會一起討論未來會左右你們決策和作為的原則。

- 開會時，請每個人都填寫**應用一**（p. 40～ p. 42）──你用來闡明自己價值觀的地方。（我們准許你複印**應用一：闡明價值觀**的作業單給每一位團隊成員。）請他們挑出自認很重要的價值觀。告訴他們你已經寫過了，你希望他們也做同樣的作業。

- 每個人都寫完之後，你可以率先告訴他們你選的價值觀是什麼。告訴他們，在過程中你們之間可能有一些衝突和矛盾。這麼做的目的，等於是在樹立一個別人可以仿效的榜樣，此外，也是在建立你的個人信譽。請每個人分享他們所列出的價值觀。

- 等到大家都說清楚清單上的個人價值觀之後，再尋找團隊成員之間共通的價值觀。有什麼價值觀出現在每一個人的清單上？絕大多數的成員都有什麼樣的價值觀？衝突的地方在哪裡？比方說，大多數的成員都重視團隊作業和合作精神，只有少數人比較重視個人主義和獨立精神？討論一下如何解決這樣的矛盾？

● 最後一個步驟是寫出一份一頁篇幅的「團隊信條」，詳細說明在專案期間有哪些原則會左右你們的作為。把這份信條張貼在顯眼的地方，這樣一來，這些價值觀就成了重要的參考，可用來引導大家日後的決策與作為。

應用四

你的作為要吻合共同價值觀

「坐而言不如起而行」是一句常見的老話。你的領導作為也應該如此。你言行的一致程度，將會決定你的個人信譽。而你的作為跟共同價值觀的一致性，則能決定你的領導信譽。既然你已經對共同價值觀有比較清楚的認識了，從現在起就必須做到言行一致。

身為專案領導者的你，能夠做什麼來向團隊成員、同事和管理階層證明共同價值觀的重要性呢？動腦想出兩到三種作為來證明你對每個價值觀的恪守。這些作為可能包括你如何安排時間、你如何處理危機事件、你說的故事，或者你的提問方式和自我表達的方法。

● **你如何安排時間**。你會把多少時間分配給主要價值觀，這是一種訊息的傳達。比方說，如果創意被列在這個專案的重要原則清單裡，你就必須多花點時間追求創意。可能是去拜訪某家產品設計公司，看看他們能激發出什麼創意，或者參與團隊的動腦會議。

你需要把時間花在哪個地方，你需要怎麼安排你的時間？

- **你會如何處理危機事件**。你對特定重要事件的處理方式，或者你在面臨壓力和挑戰時對一些事件的處理方式，都是你可以用來證明你會恪守價值觀的好機會。這些時機也是我們所謂的「教育時機」。比方說，你的團隊很重視合作精神，可是團隊裡有一個聰明的傢伙總是沒準備就來開會。當你質問他時，他竟然說不用準備，因為他的表現比其他成員好。你對這位「獨行俠」的處理方式將會傳遞出強烈的訊息，讓大家知道不管是誰都得重視團隊合作？還是只有這個本領很強的人可以例外？如果你忠於團隊合作的價值觀，你就會很清楚地告知對方，希望他也像其他人一樣有備而來，沒有任何例外，哪怕他的業績再好都不行。然後你可以訂出具體的下一步，找這位成員開會，監看他的進度，必要時提供指導。

　　你有準備好哪些方法來處理可能的危機事件？

- **把別人的模範作為用故事的方式說出來**。我們都喜歡說故事，那就說點團隊成員的故事，描述這位成員如何身體力行專案中的某個價值觀，這個做法可以向大家證明你有多留意眼前所發生的事情。

誰最近做了什麼事足以作為某共同價值觀的典範？你可以在什麼
地方和什麼時候說出這個人的故事讓大家學習？

> **注意！**
> 如果你的專案還沒開始，可以晚一點再回頭來回答這個問題。

- **小心選擇你的語言，用提問的方式來探查主要價值觀。**語言是很有
  力量的，所以你必須小心選擇。假設你的團隊很重視對他人的服
  務，但是你和其他人用的語言都是「我能有什麼好處呢？」這種話
  在別人耳裡聽多了之後，你覺得他們會認為什麼比較重要？

  同樣的，你的問法也會激發出某特定方向的行為。如果你想要
  人們不斷創新，可以試著經常問對方：「你上禮拜在什麼地方做了改
  進，這禮拜的表現才會比七天前好呀？」

  你會用哪些關鍵字來表示你是完全恪守核心價值觀的？你想避免
  使用哪些字眼？你會問什麼問題來激發人們在思維和行動上都吻合核
  心價值觀？

可以使用的關鍵字：

_____

_____

_____

_____

必須避免使用的關鍵字：

_____

_____

_____

_____

可以提問的問題：

_____

_____

_____

_____

應用五

挑選作為

　　請回顧以上你對時間分配、危機事件、故事和語言這些問題的回答內容，然後為這個專案的前三大價值觀，至少各自挑出一個你前面寫過的作為來親自示範。如果沒辦法為這三個共同價值觀找到合適的示範作為，就先記下來，晚一點再回頭來完成。

價值觀　　　　　我會親自採取的作為

_____　　_____

_____　　_____

_____　　_____

_____　　_____

可能影響

身為領導者，你從本章的練習裡學到什麼？

_____

_____

_____

_____

根據你在這些練習中學到的經驗，為了改進專案期間你的**以身作則**方式，你需要做什麼？

_____

_____

_____

_____

5 喚起共同願景

　　領導者會展望未來，他們會把願景和可行的點子記在心裡。他們知道如果每個人都為共同目標一起努力，就能成就出某種獨一無二的精采可能。

　　可是只有領導者看見願景並不足以成就非常之事，他們必須讓其他人也看得到未來精采的可能，他們必須傳遞出希望和夢想，讓別人能夠清楚了解，甚至也將它們視為自己的希望和夢想。領導者會讓其他人知道他們的價值觀和利益，都會在一個長程的未來願景裡兌現。他們總是充滿活力、積極樂觀，他們會透過強烈的訴求和柔性的說服，找到一群滿腔熱忱的支持者。

　　要喚起共同願景，得靠想像各種精采和美好的可能來勾勒未來，並訴諸共同抱負，在共同的願景下爭取大家的支持。

什麼是願景？

　　我們將願景定義為：為了共同利益而對未來做出一個完美和獨特的想像。為了要激發別人，你必須把它描述出來，讓他們也能在腦海裡想像 ——「哦，我懂你在說什麼！」你必須要談到未來，不能只談現在，而且談的方式要能吸引很多人。你可能很折服於自己的願景，

但是如果吸引不了別人，他們就不會跟著你去追求。

　　以下是我們從個人最佳領導經驗裡找到的例子，案例中的作為都曾協助領導者喚起共同願景：

- **一位保險經理**，給十二位團隊成員每人三本不同的雜誌和報紙，請他們閱讀。其中一些是熱門雜誌，其他的則是產業相關刊物。她希望這種閱讀是多元化的，所以刊物內容的涵蓋範圍從流行音樂到現代科技都有。成員們的任務是從刊物裡找到對未來生意可能造成影響的文章，然後寫出一頁的趨勢摘要，以及它們對這門產業的可能影響。每一季，團隊成員們都會集會討論這些作業，從中尋找可能的未來主題。這種不斷掃視新興趨勢的做法，有助於團隊永遠保持領先優勢。

- **一位森林管理員**，在一場重大火災之後展開重新造林的計畫。他形容這份工作是「偉大的志業」。他不斷談到這個計畫將如何幫助後人，長遠來看能使大家的生活變得更美好。這也是一件為後代子孫做的事情。

- **一家金融服務公司的總經理**，需要讓他的組織接受一套有別於傳統的全新服務。於是他在外地舉辦的一場年度管理大會上，要求每個人寫下對未來的夢想，然後各自將它畫在一塊瓷磚上。那天傍晚，所有經理人都站在營火邊讀著他們寫的東西，再把畫好的瓷磚一塊塊放進營火裡。第二天一早，大家抵達會議室時，竟看見一幅很大的藝術作品，那是用他們的瓷磚畫構成的。畫面裡是一個人透過望遠鏡眺望未來。作品最後掛在公司的會議室裡，看到的人不免會問：「那是什麼？」總經理就

可以趁機說明共同的願景。

- **一家州立大學的社區推廣計畫協調員**，想提供某種兼具教育和服務性質的教學活動，讓學生參與一些議題，也認識生活圈以外的人。於是他帶著一群學生到舊金山旅行，展開前所未有的「另類」春假。這個團體都是睡在舊金山教堂的地板上，白天就到當地的收容中心幫忙。每天他們會一起煮晚餐，邊吃邊討論當天見聞。晚飯後，他們會集合起來進行團隊打造訓練，討論跟白天服務經驗相關的社會議題，並記載在團體日誌裡，再準備第二天的工作。他對這個計畫的最大夢想是，希望學生們能帶著全新的熱情回到校園，對社會正義付出一份力量。

- **某家醫院加護病房／心臟加護病房的新任護理長**，也是某團隊的成員，這個團隊正要啟用一種全新的先進設施。她找到了一個方法，讓同事們可以全程擁抱這個令人興奮的機會。她先利用當地的原住民文化，打造出一個團隊吉祥物和一本「護照」，護照裡有新設施的場址地圖和一份檢核清單，教你如何在新環境裡安全地操作設施。除了這些創新做法之外，還有一間設置了假病人的操作室，供大家練習使用這套新技術和動手操作設備，為團隊的願景賦予了生命，也減輕大家啟用當天的焦慮。

目標

完成這一章的練習之後，你可以：

- 向專案團隊裡的成員，詳細解說你個人對未來的願景。

- 與團隊成員對話，討論他們的希望、夢想和抱負。

- 在共同的願景下，爭取他人的支持。

- 用一種吸引人的方法來傳遞共同願景。

∥省思與應用∥

省思一

　　列出四到五個對你來說曾經是轉折點的經驗 —— 這些經驗真的影響了你的人生方向。它們可以是二十年前甚至更久以前的經驗，也可以是現在的經驗。重點是它們真的影響了你的人生。請用幾句話來描述。

_____

_____

_____

_____

● 現在檢視你清單裡的這些經驗，你有看出什麼模式嗎？它們當中有相通的主題嗎？模式是什麼？主題又是什麼？

_____

_____

_____

_____

　　這些模式和主題有為你的人生創造什麼意義嗎？有告訴你未來的希望和夢想是什麼嗎？

_____

_____

_____

_____

省思二

　　想像你正在參加一場晚宴，那是你未來五年的同事們所舉辦的，目的是要向獲頒「年度領導者」獎的你致敬。你的同事和家人一個接一個地提到你為他們、為組織以及為社群所做的貢獻。你希望他們提到你的哪些事蹟？

_____

_____

_____

- 你希望別人提到的事蹟正是你想表達出來的未來夢想。你描述別人口中的那些事蹟，正是在告訴自己你想在這世上發揮什麼樣的影響力？

_____

_____

_____

_____

應用一

找到你的主題

專注在你挑定的專案計畫上,是什麼激發了你對它的熱情?

_____

_____

_____

_____

● 除了業務、財務或組織目標之外,這個專案計畫還有什麼(或可能有什麼)更深遠的意義或更遠大的目標?

_____

_____

_____

_____

● 有什麼未來趨勢——例如人口、科技等方面——可能會影響這個專案的方向?比方說,我們都知道年輕世代的工作者(千禧年世代)不同於嬰兒潮世代,兩個世代都可能出現在你想望的未來裡,而數據顯示他們有一些不太一樣,甚至可能互相衝突的價值觀。這個趨勢會影響你的專案計畫,代表你需要找到方法來同時容納這兩套價值觀,並做好解決衝突的準備。

_____

_____

_____

● 有什麼未來趨勢可能影響你有志於完成的事情？

_____

_____

_____

_____

應用二

檢查吻合度

　　就像處理價值觀一樣，你也必須把要表達的願景拿出來，檢查一下吻合度。

　　你清楚組織的願景嗎？如果不清楚，哪裡需要弄清楚，你要從哪個地方著手？

_____

_____

_____

_____

　　現在把你在專案計畫裡的個人抱負和組織的願景做比較。如果你的願景和組織的願景吻合，可以直接做下一個練習。要是不吻合，你想想要如何解決中間的衝突。

　　就像你在**以身作則**裡做的一樣，你可以找經理討論這個問題，也

可以找家人或要好的同事聊一聊。我們發現有時候這種衝突，只是因為彼此缺乏清楚的認識。也有些時候，是因為我們不知道如何同時滿足個人和組織的需求。不管根本原因是什麼，這都是你必須去處理的問題。因為你絕對無法帶領別人前往一個你自己都不想去的地方。

□彼此吻合。（移往下一題）

□有衝突。為了解決這些衝突，我會做以下幾件事：

_____

_____

_____

_____

應用三

找到共通點

　　讓你的專案團隊參與對話，討論你在**應用一**裡回答過的問題。你可以透過一系列或一場會議展開這種對話。你可以一對一進行，也可以在團體裡進行。不管做法是什麼，重點都在於你要聽出每一個人的希望、夢想和抱負。然後在對話終了時，藉由以下提問，協助團隊在各自的抱負中找到共通的主題。

> **注意！**
> 如果你還沒組成團隊，組好之後一定要回頭做這個練習。

● 是哪個共通主題，將我們每個人的夢想和希望，編織成一塊美麗的

織錦？

_____

_____

_____

_____

● 這個專案計畫可以如何為更大的組織願景做出貢獻？

_____

_____

_____

_____

應用四

賦予願景生命

　　喚起共同願景這個實務要領，最能看出領導者和其他可信人士的不同之處。你必須要能很自在地談論你對未來特有的想像。你必須把它寫出來，反覆練習說出你的「願景聲明」，不管一次只對一個人，還是對上百個人說。

　　當你放進強而有力的語言、比喻、故事、生動的文字描述，以及其他修辭時，你就賦予了願景生命。你可以把願景想成一首歌，如果這首歌的主題是「愛」，而你只是反覆唱這個字，恐怕很難令人喜歡。所有能禁得起時間考驗的歌曲，都是在一個主題下做出變化，裡頭的歌詞都有它們表達的主題。你的願景聲明也必須做同樣的事。

　　以下練習是要協助你研擬出可引起受眾共鳴的願景聲明 —— 一

個會被大家記住和轉述的願景。

　　在你寫自己的願景之前，請先參考以下例子，它是某專案領導者整理出來具啟發性的願景聲明：

在我們面前有一個重要的崇高使命 —— 它將有助於解放我們的員工。在跟大家聊過我們聚在這裡的目的是什麼之後，才知道我們都有志於要讓所有同仁可以不費力氣地把工作做好，同時也能帶給顧客愉快的經驗。

在許多組織裡，政策和規程往往像沉重的石塊套在員工的脖子上，就連提到「政策和規程」這幾個字都會令員工呻吟。它們壓迫著我們。它們擋住創新和成長的道路。它們令員工和顧客憤怒。它們也令我憤怒！我們正在進行一場光榮的探索之旅，移除套在我們脖子上的沉重石塊，把它們改成建構未來的基石，讓我們在那個未來裡茁壯成長。

接下來這兩年，我們會一起合作，打造出有利於財務追蹤和申報的整合式互動系統。從我們今天站的位置來看，就像我們想要蓋一座吉薩金字塔（the Pyramids of Giza）。這是一個很大的專案，有很多必須平整接合的零件，但這是可以辦到的。

訂定得宜、合理管理，以及快速執行的政策和規程，對每個組織的成效跟公平性原則來說都是不可少的。少了它們，生活會變得專橫獨斷、多變難料、主觀狹隘，甚至危險。

今天我們要落實到位的基本政策和規程，就是那一塊塊的砌石。我們在建立每套系統的時候，都會把更多砌石堆疊進來。最後這些系統的合併和整合，就會像「壓頂石」一樣，讓我們落成令人驚嘆的

工程。

但是這一路上，我們可能會灰心喪志——也許是發現石塊太多太重了，或者人力根本不夠。不過，我知道組織對這個專案有承諾，所以會給我們必要的資源來完成。最終這套系統一定會有金字塔般的風華，而且像它一樣經久耐用。大家將能從他們的桌上電腦存取到及時、重要、可靠和安全的資訊，不用再四處搜找最新的數據，也不會再有系統未整合前所出現的各種小差錯。大家會覺得自己的重擔被卸下了，在作業上終於可以更自由，也肩負起更大的責任。

想像以下情況發生的時候，他們臉上的表情：

* 業務代表從筆電中取得最新的成本資料，以提前三天和價差少百分之二十的差距，擊敗競爭對手。
* 維修技師取得正確的存貨數據，可以很自信地向顧客承諾交貨日期。

這就是我們可以——和將會——一起打造出來的未來。我們會讓它變為可能。

勾勒未來

想像這個專案終了時，自己、團隊和組織的樣貌。它的成功遠遠超出你夢想中的目標。你看到了什麼？請詳盡回答以下問題，並照著指示做。

● 人們在做什麼？

_____

_____

_____

_____

● 人們在說什麼？

_____

_____

_____

_____

● 人們的感受如何？

_____

_____

_____

_____

● 有出現什麼正面成果？

_____

_____

_____

_____

利用比喻

　　最強大的願景會利用比喻或視覺性的類比，將抽象觀念轉化成令人難忘的具體影像。例如：

比喻	這個專案像什麼？
摩天大樓	充滿企圖心、昂貴
	直抵雲霄
	需要一個團隊和很多的協調作業
	需要各種不同素材，才能使它變得堅固和美麗

　　花幾分鐘時間，找出具體的物件或活動來比喻你的專案計畫。能夠激勵人心的比喻，可以讓你的團隊和其他利害關係人將它牢記在心裡。譬如你可以說你的專案計畫就像是：

- 一場馬拉松
- 攀登聖母峰
- 美國杯帆船比賽
- 一隻飛翔的老鷹
- 一場革命
- 一棵高大的紅杉

　　現在你試著花一分鐘動腦想一想，再把你所能想到的比喻表列出來 —— 這是一種修辭手法，暗示你的專案計畫很像其他某種東西。

　　我的專案計畫很像：

_____

_____

_____

　　從你表列的清單裡，挑出最管用的比喻，並解釋你的專案為什麼很像那個比喻。

比喻　　　　　　　　　　　為什麼它很像這個專案計畫

_____　　_____

_____　　_____

_____　　_____

_____　　_____

_____　　_____

爭取他人支持

　　現在花點時間想一想你希望你的願景能激發哪些人。他們是誰？務必囊括你所能找到的各種族群：顧客、利害關係人、廠商以及團隊成員。他們的動力是什麼？請看以下例子：

受眾：**利害關係人**

動力因素：**利潤、未來成長、競爭優勢**

受眾：_____

動力因素：_____

受眾：＿＿＿＿＿＿＿＿＿＿＿＿＿＿＿＿＿＿＿＿＿＿＿

動力因素：＿＿＿＿＿＿＿＿＿＿＿＿＿＿＿＿＿＿＿＿＿

受眾：＿＿＿＿＿＿＿＿＿＿＿＿＿＿＿＿＿＿＿＿＿＿＿

動力因素：＿＿＿＿＿＿＿＿＿＿＿＿＿＿＿＿＿＿＿＿＿

受眾：＿＿＿＿＿＿＿＿＿＿＿＿＿＿＿＿＿＿＿＿＿＿＿

動力因素：＿＿＿＿＿＿＿＿＿＿＿＿＿＿＿＿＿＿＿＿＿

　　現在在心裡回想一下你寫過的東西，同時謹記一個目標：找到這些受眾的共通點。你要怎麼訴諸這些互通的興趣？比方說，假設其中一個共通的動力因素是，有機會可以學到新事物，那麼你要怎麼協助他們精進自己的學習？你可能得送每個人去上課；組成讀書會；請大家自帶午餐來討論可以從專案裡學到什麼；邀請一本相關書籍的作者前來演講；或者實地參觀另一家不同產業卻有類似專案計畫的組織。

它們有什麼共通點	我要怎麼訴諸這個動力因素
＿＿＿＿＿＿＿＿	＿＿＿＿＿＿＿＿＿＿＿
＿＿＿＿＿＿＿＿	＿＿＿＿＿＿＿＿＿＿＿
＿＿＿＿＿＿＿＿	＿＿＿＿＿＿＿＿＿＿＿
＿＿＿＿＿＿＿＿	＿＿＿＿＿＿＿＿＿＿＿
＿＿＿＿＿＿＿＿	＿＿＿＿＿＿＿＿＿＿＿

應用五

願景聲明

　　你已經在這個單元裡做了所有周全的考量，現在你要幫你的專案

計畫寫出一份令人信服的願景聲明。你還記得我們在本章一開始如何定義願景嗎？如果不記得，請花點時間回頭複習一下。然後回答以下問題，以便構建出願景聲明中的關鍵成分：

● 是什麼理想激發了你——給了你熱情——去完成這個專案計畫？

_____

_____

_____

_____

● 是什麼理想，激發其他團隊成員想去完成這個專案計畫？

_____

_____

_____

_____

● 你和你的團隊成員，對這個專案計畫所懷抱的夢想，有什麼獨特之處？

_____

_____

_____

_____

● 你為團隊成員及更大的組織或社群，勾勒出什麼樣的未來？

_____

_____

_____

_____

● 這個願景為什麼有助於共同利益：也就是所有團隊成員的利益？

_____

_____

_____

_____

● 你可以用什麼比喻或視覺性影像（單一或多數）來吸引他人？

_____

_____

_____

_____

　　現在把所有答案整合起來，在下面的空行裡寫出四到七段的願景
聲明。

我的願景聲明

_____

_____

_____

應用六

試著說出來

　　實際提出你的願景聲明，就像是把一場戲劇表演推上百老匯舞台一樣。這場表演得先花幾個禮拜或幾個月的時間，在百老匯以外的地方或者城外排練和試演，將一些不盡理想的地方都修正好了，才能正式登場。同樣的，你也需要先演練一下你的願景聲明，請同事、教練和朋友擔任「好心的評論家」，提供誠懇的建言。

● 有哪些朋友或同事你很信任，可以找他們來「試聽」你的願景？

_____

_____

_____

_____

● 你什麼時候要做這些排練？

_____

_____

_____

_____

● 誰很懂得如何喚起共同願景，可以當你的指導教練？（所謂的教練會幫忙培養你的技能，不是只反饋意見而已。）

_____

- 一旦你對願景聲明和發表方式感到放心，就可以挑個時間和地點或場所來「正式上線」——也就是「到百老匯登場」。時間和地點是什麼？

　　發表願景之後，你要怎麼知道你的受眾有沒有真的受到激勵？比方說，當人們受到激勵時，都會露出笑容、拍手鼓掌，表現出亢奮的情緒，或者大談特談這個專案計畫多麼有意義和多麼獨特。可能有人會說：「這是我這十年來從事過最令人興奮的一個專案計畫了。」「我從來不知道看似這麼普通的事情竟然可以變得這麼不同凡響。」或者「我覺得我好像正在成長。」還有「我正在做一件很有意義的事。」

- 想想看別人會送出什麼信號，告訴你他們有受到激勵。請記錄在下面：

可能影響

● 身為領導者，你從本章的練習學到什麼？

● 根據你在這些練習學到的經驗，為了改進專案期間你喚起**共同願景**的方式，你需要做什麼？

---

6 向舊習挑戰

　　如果有機會可以改變現況，人們一定會盡力而為。領導者為了考驗自己的能力，會去尋求和接受富有挑戰性的機會，也會鼓勵別人超越他們自以為的極限。領導者會把每項作業任務都當成一場歷險，而非另一個例行性任務。

　　大多數的創新都不是從領導者那裡來的 —— 而是來自於那些最靠近工作的從業人員，也來自於我們所謂的「對外觀察力」（outsight）。模範領導者會到處尋找好的點子，他們會大膽地走出去，然後傾聽、徵詢意見和學習。

　　模範領導者會靠著一個接一個的小小勝利成果，一小步一小步地往前走。他們勇於冒險，敢試用大膽的點子。但是冒險難免會出錯和失敗，而領導者都會坦然接受這些無可避免的挫折，並從中成長。他們會視這些挫折為一種學習的契機。

　　為了挑戰舊習，你會尋找機會主動出擊，對外尋求創新的方法，追求進步。你會勇於冒險地進行實驗，不斷製造小贏成果，並從經驗中學習。

　　以下是我們從個人最佳領導經驗中蒐集的挑戰舊習的例子：

　　● **一位開發總監**，為了讓產品開發團隊的成員懂得質疑公司的現

況，請團隊的每位成員想像自己剛離職，加入一家新創公司，後者打算把他們的老東家趕出市場。然後請他們在三十分鐘內想出把老東家趕出市場的各種方法，越多越好。結果後來的討論充滿了各式各樣的全新可能。

- **一位新到任的工廠經理**，被要求改進廠內的生產流程品質。為了傳達「一切都會變得不一樣」的訊息，她索性找人把樓地板都清掃一遍，重新粉刷牆壁，連員工廁所也都翻修。此舉抓住了大家的眼球，也等於間接示範品質就藏在細節裡──髒亂的廠房是很難製造出高品質的產品──也是在清楚表明她對這件事有多認真，將會迅速展開行動。

- **一位主廚**，為加快新菜單的點子生成速度，於是招待侍者和廚師到任何一家跟他們有類似菜色的餐廳吃飯。員工再把學到的新知以書面或口頭報告方式回覆。

- **某大學的科技主任**，為了讓學校拿到更多的科研補助款，於是要求教員們廣泛交流意見，參與對話，想出一些具有創意的點子。他的第一個行動，是在物理館的大廳牆壁上放置幾塊黑板，以便隨時隨地進行自發性的科學討論。

- **某銀行的專案團隊領導者**，正在思索如何提升服務品質，於是派她的團隊成員，到一家向來以顧客導向聞名的百貨公司體驗那裡的服務品質，回來後再提議如何將這些觀念運用在自家銀行身上。

- **某郊區學校的校長**，面臨到為數不少的嚴重問題。套句他的話說，他必須「為一家停滯的組織注入新的生命」。他知道必須做一點激進的事，最好的方法是創造出其他學校從未嘗試過的

調度系統，於是他成了挑戰傳統調度流程的第一人。

- **某慈善機構的新任總經理**，想把人們因害怕失敗而不願冒險的文化，改成勇於承認錯誤和願意從中學習的文化。於是在某次募款活動尾聲時，趁機舉辦了一場「事後檢討會」，讓大家討論一下他們從中學到什麼、什麼地方做得不錯、什麼地方做得不好，還有下次哪些地方可以改進。此外，他會率先承認自己的錯誤，這樣一來，其他人也就放心地自承錯誤。

目標

完成這一章的練習之後，你可以：

- 在自己的專案計畫裡，找到可以從創新方法中獲益的機會。
- 找你的團隊成員們一起想出或挑選創新的辦法。
- 讓大家了解挑戰現況難免會犯錯，所以要落實方法從中學習。
- 找到按部就班的方法漸進式地落實變革，創造前進的動力。

▌省思和應用▌

回答以下幾個省思性問題：

● 你最近有什麼改變？

_____

_____

_____

_____

● 在你這一生中曾經歷過什麼「大膽嘗試下的失敗經驗」？你當時怎麼處理它？你從中學到了什麼？請具體描述。

_____

_____

_____

● 你覺得勇於冒險和嘗試新事物，為什麼很好玩且很值得？

_____

_____

_____

● 你覺得勇於冒險和嘗試新事物的困難點在哪裡？

應用一

先檢視有哪些可能的限制

在每個領域、產業、組織、課程和組織裡，每當要展開一個專案之前，似乎都有一些東西不能更動。你應該很清楚，當你提議不同於以往的創新作為時，常會聽到有人說「我們不能這麼做，因為……」。其中一些理由可能是真的，也是合理的，但也有些理由純粹是臆測並帶有情緒。

有哪些「我們不能這麼做，因為……」的這類聲明，是你曾經提過、聽過或預料會聽到的？它們可能會阻礙你的專案計畫。比方說：

● 我們不能找外包廠商來做工程裡的核心部件。

● 我們沒有足夠的時間。

● 我們沒有充足的人員配備。

● 我們的臨時雇員預算不夠。

● 還有其他緊迫的管理要務須先處理。

● 有太多互相衝突的責任義務。

● 把可能阻礙你專案的聲明表列成一份清單，請你的團隊成員也表列

一份這樣的清單。

　　把這類聲明清單組合起來，然後張貼在大家可以看到的地方。接著再做以下幾件事：

- 在那些真的不能更動的聲明旁邊標上（＋）的記號，比方說，一些自然界定律、某條政府法規，或者某種道德價值觀會阻礙你進行下去。
- 在那些可能不是真的、或者可能是真的但可以被挑戰的聲明旁邊，標上（－）的記號。
- 你想在這個專案規畫和執行的時候挑戰哪些可能的限制，請在它們旁邊標上（√）的記號。你可能不想去挑戰所有被你標上（－）的聲明，但盡量挑出越多可以挑戰的聲明越好。你和團隊要竭盡所能地搜找機會，展開實驗，但也不用讓自己和團隊的壓力大到幾近崩潰。
- 把這份清單張貼在顯眼的位置上。當你和團隊思索挑戰舊習的辦法或者有更多阻攔聲明出現時，可以再回頭來審視。

應用二

往外看

　　最佳領導者和最成功的組織不會認定該有的點子他們都有，他們知道如何用不同的方法來做事，而這方面的創意和創新點子都來自於框架以外的地方。他們是這些點子的輸入者（net importers）。比方說，為了練習對外觀察力，你可能要：

- 安排一場實地考察，好刺激團隊的思維。
- 閱讀不同領域的雜誌，而且是一無所知的領域。
- 致電三位顧客或客戶，請教他們希望看到你的團隊做哪些從沒做過的事。
- 到競爭對手的店裡或網站上購物。
- 邀請客戶或顧客參加你的專案會議，請他分享點子。

　　你如何在專案計畫或組織以外的地方，挖掘出意想不到的點子？現在請表列出來：

_____

_____

_____

_____

_____

應用三

創新和創造

　　召集你的團隊來完成這個練習。向他們解釋每一個明顯的限制條件後面，都是一個等待被發掘的機會。告訴他們確實跳脫框架思考。這樣一來，才能改變自己面對阻礙時的處理方式。

　　跟他們分享這個框外思維（書寫）的例子：

規畫出一個初期的、規模不大但具震撼力的勝利成果，它足以引起高層的注意，也能為這個專案建立起信譽。

轉換成標竿式評鑑所驗證過的新數據系統，我們的效率就能提高三倍。

- 我們沒辦法讓高層買帳。
- 我們沒辦法靠原始的數據儲存系統做出這種東西。
- 我們已經裁減人員，要他們支援或投入這個專案計畫，會超過他們的負荷範圍。
- 部門之間的關係太緊張，根本沒有辦法合作。

這個專案計畫的某些層面可以改用外包方式，剛好可以趁機測試和評估外包的可能性。

幾年前的異地會議曾有效打造，所以可以重啟這種跨功能的異地會議。

從各部門找來關鍵人士，參與決定性的規畫會議。

以團隊的角度回頭審視團隊所列出的可能限制條件。要挑戰舊習，就得先找到方法把你前面勾選的限制轉化成成長的契機。檢視一下你之前列出來的限制和受挫的可能源頭，再看看你勾選的那幾項 —— 也就是你想挑戰的那幾項限制。

在活動掛圖、白板或在線協作工具上畫出一個方框，讓所有團隊成員都看得到。在方框裡面寫下你想要挑戰的限制條件，再從每條限制畫出箭頭指向框外，就像上述例子一樣，然後為每一條限制寫出它的機會點。

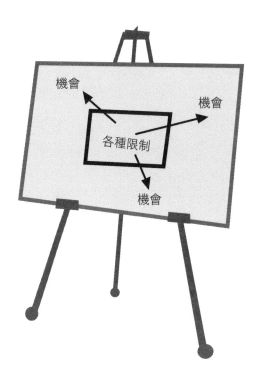

<u>應用四</u>

檢查吻合度

在你展開任何變革前，你和專案團隊成員一定要討論這些變革是否吻合你們的願景和價值觀。花幾分鐘的時間好好討論，並詳加記錄你的創新方法將如何實現願景，以及如何在共同價值觀的引導下落實。

_____

_____

_____

_____

_____

_____

_____

_____

_____

_____

應用五

主動出擊

我們在討論**以身作則**時曾經說過，領導者會身先士卒。如果你想要別人主動積極地搜找機會和勇於冒險，你就必須率先示範這些行為。先專注在自己身上，把你主動出擊的方法記錄下來。

● 我要挑戰和翻轉的現況：

_____

_____

_____

_____

● 我會嘗試的實驗：

_____

_____

_____

_____

● 我會到哪裡尋找新的點子：

_____

_____

_____

_____

- 我會用哪些方法來獎勵失敗？（譬如只要有人敢伸長脖子去冒險，就把長頸鹿娃娃獎頒給對方，或者有人在發明全新事物的過程裡，曾經失敗多次，就頒愛迪生獎給對方。你也可以送幾張樂透給「敢冒險一試」的人。盡量發揮創意，讓大家知道你希望他們勇於冒險，懂得從錯誤中學習。）

_____

_____

_____

_____

- 我會推翻哪些不可動搖的阻礙：

_____

_____

_____

_____

- 我還會採取哪些主動的方法，來達到變革、成長和進步的目的：

_____

_____

_____

_____

應用六

鼓勵別人積極主動

　　千萬記住，不要孤軍奮鬥！你必須以身作則如何挑戰舊習，你必須打造出一種讓別人仿效的氛圍。

　　請你的團隊成員回答你在應用五回答過的問題。將那些問題表列在紙上或者你的協作工具上，然後給團隊成員作答時間。應該只要三十分鐘就夠了。他們可以在團隊會議召開之前預先作答，也可以在會議中作答。重點是每個人都要參與。

　　大家都寫完等著互相分享之前，先請他們回答以下問題：

● 要我放心地勇於冒險，我需要你（這個團隊的領導者）先……

_____

_____

_____

_____

　　把他們的回答內容記錄下來，讓大家都能看見，也幫你自己留一份影本。再用以下其中一句話回覆他們：

● 「好的，我會這麼做，沒問題。」
● 「我會這麼做的。還有為了讓我做到這一點，我需要以下這些東西。」
● 「不行，我辦不到，因為……」（只要是你辦不到的事情，團隊成員都有資格知道原因。解釋原因是尊重對方的一種表現。）

可能影響

從本章的練習，你對身為領導者的自己了解多少？

根據你從這些應用練習中所學到的經驗，為了改進專案期間你**向舊習挑戰**的方式，需要做些什麼？

---

7 促使他人行動

　　領導者都知道他們不可能單靠自己成就非常之事。他們需要有夥伴，所以領導者會不吝於花時間和精力，建立一個士氣高昂、具有凝聚力的團隊，感覺就像是一家人的團隊。他們會和同事一起研擬合作的目標，培養合作關係。他們知道這種關係是啟動大家彼此支援的鑰匙。

　　要讓眾人不分彼此地共同努力下去，得靠相互的尊重。領導者會協助培養成員的技術與能力，以履行承諾。他們會打造出一種氛圍，讓成員有自信可以掌控自己的生活。

　　為了促使他人行動，你必須靠建立信任、增進關係來促進合作，藉由自主權的提升和能力的培養來強化他人的分量。

　　以下是我們從個人最佳領導經驗中蒐集的促使他人行動的例子：

- **一位物業管理副總**，他的任務是在一座擁擠的設施裡，將工作站的數量提高兩倍——期限是九個月內。她跟團隊開了一連串的會議，會中她要求他們評估各種可行性，再訂出行動計畫。等到團隊都照辦了，她就放手讓他們執行。她的角色只是確保大家會有條不紊地按時進行，全部朝同一個方向前進。此外，當團隊作業出現分歧或問題時，她才會介入。整個過程中，她

會提供很多意見反饋。

- **某位校長必須大幅改革表現不佳的學校**，提升學生的成績。在改進專案裡，他成立了一個由受人尊敬的導師們所組成的教學領導團隊（Instructional Leadership Team），給他們自由裁量權來決定課程。為表示他對這個團隊的重視與支持，在課程安排會議上，只有老師們能坐上討論桌，行政人員一概坐在旁邊，代表他們只是到場支持，不是來決定任何事情。

- **某家全球技術專業建設服務公司的資訊長**，必須負責對這家科技資訊組織展開全球性的資安和領導課程。但是她沒有自己帶頭做課程討論，也沒有找培訓部門的人來處理，反而要求這家組織最上面兩個層級的主管，每個人至少要開辦一個講習班，然後設法讓每個講習班的學員來自不同的科技團體。不到三個月，他們就靠二十五種以上的課程，幫八百多位全球科技資訊人員上課。每一位授課的高層人員都覺得收穫跟學員一樣多，每次授課都會有新的啟發，哪怕課程已經開辦了很多次。

- **美國某海軍艦艇的未來司令接任時**，正逢官兵士氣和表現處於低谷。他知道必須立刻採取行動，才能翻轉現況。於是決定分批跟水手們討論，了解他們的需求，每批水手都分配到一個小時，每批有三百一十個人。在專心傾聽的過程中，他不只與水手們建立起和睦的關係，更能理解他們，也蒐集到許多改善艦艇的建議。最後執行時，為海軍省下好幾百萬美元。

- **一位面臨工廠可能關門的製造主管**，開始訓練所有員工看懂財務報表。公司的財務資訊會定期分享給機械工人、文書員和管理階層，並公開討論。結果這家公司不只避開了破產，甚至不

斷獲利，因為公司裡的每一個人都被當做老闆

- **美國某金融服務業的主管**，被任命為其中一家海外公司的總經理。由於他是空降部隊，那兒的員工對他十分存疑，所以他一開始並沒有大刀闊斧地進行任何改革，反而是先熟悉每一個人——他們是誰、他們的動力是什麼、他們喜歡做什麼，以及他們覺得可以集體成就出什麼。這些倚重「當地專家」的作為，很快為他贏得尊重，也促使所有人全力以赴提升服務品質。

目標

完成這一章的練習之後，你可以：

- 與你的專案團隊成員，建立起互相支持的良好關係。
- 為團隊成員培養勝任能力和自信心。
- 在團隊成員當中，建立起互相合作的工作關係。
- 幫助團隊成員找到所需人才，一起成就非常之事。

▎省思與應用▎

　　你曾因某位領導者說了什麼或做了什麼，而讓你覺得自己很有實力，能力很強嗎？寫下那位領導者當時用什麼舉動，讓你自覺很有實力、能力很強、做事很有成效 —— 就像是自己的主人一樣。盡量寫得具體一點。

———————————————————————————————

———————————————————————————————

———————————————————————————————

———————————————————————————————

　　再想想看，以前是否因某位領導者說了什麼或做了什麼，害你覺得無力感很重、處於劣勢、自覺微不足道？當時他具體做了什麼或說了什麼？

———————————————————————————————

———————————————————————————————

———————————————————————————————

———————————————————————————————

　　回想以前你還是某團隊成員時的過往經驗，那時那個團隊「才剛抓住竅門」—— 意思是才開始知道怎麼不費力地流暢合作。形容一下當時人們對待彼此的方法，以及團隊的領導者曾經因為做了什麼而促

成這個團隊的合作。

_____

_____

_____

_____

　　利用你自身經驗學到的教訓 —— 不管是以個人身分還是團隊成員的身分 —— 來反問自己：「我要如何使別人覺得他自己是很有實力的？我要如何避免折損他們的個人效能？我要如何促進團隊合作和彼此之間的信任？」請把你的答覆內容寫下來。

_____

_____

_____

_____

　　反問自己：「要用什麼方法才能讓別人覺得自己很有實力，能打造出團隊合作和信任的氛圍來促成這個專案」？請把你的答覆內容寫下來。

_____

_____

_____

_____

應用一

請教問題，傾聽和採納意見

　　領導統御是一種人際關係，它是一種以信任為基礎的健全關係。要培養信任，得先傾聽和關心別人。

　　如果你還沒這麼做過，請安排時間跟每位團隊成員來個六十分鐘的一對一會談，建立彼此的關係。會談的時候，你要請教很多問題，然後專心傾聽對方的答案。而當你在分享資訊時，要盡可能地自我坦白和開放。以下是你可以在一對一會談裡提問的各種問題：

- 身為這個專案團隊的一份子，你想從這個經驗裡得到什麼？
- 什麼樣的動力可以讓你拿出最出色的表現？
- 我要怎麼做，才能幫助你在這次專案中有所獲得？
- 你會怎麼形容這個團隊中的人際關係？
  （如果團隊才剛組成，你可能得跳過這一題，或者過一陣子再問。）
- 我要怎麼做，才能打造出團隊互信合作的氛圍，並維繫下去？
- 你有什麼才幹和技能可以貢獻給這個專案？
- 我要怎麼做，才能幫助你精進自己的才幹和技能？
- 身為這個專案的一份子，你最喜歡的地方是什麼？
- 身為這個專案的一份子，你最不喜歡的地方是什麼？
- 如果要你日後回頭對自己說：「這是我所參與過最棒的專案計畫」，這個專案必須具備什麼條件？你必須看到什麼舉動或經歷到什麼事，你才會誠懇地說：「這是最棒的專案」？
- 對於如何改進我們在專案中的做法，你有什麼具體建議？（如果你

的團隊才剛組成，你可以跳過這一題，或者過一陣子再問。）

應用二

確認自我領導

在你完成訪談之後，請針對專案團隊裡的每位成員填寫一份實力側寫（Power Profile），寫出每個人需要什麼條件才能領導他人或自我領導。（我們准許你幫每位團隊成員複印p.93～p.95的**實力側寫**）。

實力側寫

團隊成員：＿＿＿＿＿＿＿＿＿＿＿＿＿＿＿＿＿＿＿＿＿

　　在專案裡的角色：＿＿＿＿＿＿＿＿＿＿＿＿＿＿＿＿

　　這個人可以為我們的團隊帶來什麼獨特觀點？

＿＿＿＿＿＿＿＿＿＿＿＿＿＿＿＿＿＿＿＿＿＿＿＿＿＿＿

＿＿＿＿＿＿＿＿＿＿＿＿＿＿＿＿＿＿＿＿＿＿＿＿＿＿＿

＿＿＿＿＿＿＿＿＿＿＿＿＿＿＿＿＿＿＿＿＿＿＿＿＿＿＿

＿＿＿＿＿＿＿＿＿＿＿＿＿＿＿＿＿＿＿＿＿＿＿＿＿＿＿

　　這個人有哪些長處和技能，有利於我們的團隊？

＿＿＿＿＿＿＿＿＿＿＿＿＿＿＿＿＿＿＿＿＿＿＿＿＿＿＿

＿＿＿＿＿＿＿＿＿＿＿＿＿＿＿＿＿＿＿＿＿＿＿＿＿＿＿

＿＿＿＿＿＿＿＿＿＿＿＿＿＿＿＿＿＿＿＿＿＿＿＿＿＿＿

＿＿＿＿＿＿＿＿＿＿＿＿＿＿＿＿＿＿＿＿＿＿＿＿＿＿＿

什麼樣的訓練和支援，可以幫助這個人成為更有實力的成員？

_____

_____

_____

_____

我可以給這個人什麼機會，承擔更大的責任或得到更高的能見度？

_____

_____

_____

_____

這個人需要什麼資訊才能發揮生產力？

_____

_____

_____

_____

我可以給這個人什麼樣的機會，跟其他團隊成員合作共事？

_____

_____

_____

_____

這個人在哪個領域會做得更有成效？我要如何協助他進步？

應用三

培養勝任能力和自信

檢視團隊成員的**實力側寫**。請為每位團隊成員找出至少一項你可以有的作為，幫忙提升對方的自信或個人表現能力。例如：

團隊成員：賈奈德

什麼作為可以促使這位團隊成員展開行動：**當他坐擁正確的資訊時，就會覺得自己實力強大。所以要讓他在工作上能接觸到資訊科技部的佩蒂，才能全面協助他。**

團隊成員：雪倫

什麼作為可以促使這位團隊成員展開行動：**如果她有一些強項，就會覺得自己很有實力。假設她需要的是時間管理方面的訓練，就送她去上時間管理課，並且提供工具，協助她在日常生活中充分發揮這些強項。**

團隊成員：荷西·路爾斯

什麼行動可以促使這位團隊成員展開行動：**他在自己的領域裡有**

豐富經驗，若能在決策上擁有自由裁量權，就會覺得自己實力強大。所以可以利用契約簽訂的方式，一開始就先在期許值上達成共識，再「退出來，不要擋他的路」。訂好定期開會的時間，會中再關心進度。

團隊成員：＿＿＿＿＿＿＿＿＿＿＿＿＿＿＿＿＿＿＿＿＿＿

什麼作為可以促使這位團隊成員展開行動：

＿＿＿＿＿＿＿＿＿＿＿＿＿＿＿＿＿＿＿＿＿＿＿＿＿＿＿＿＿＿

＿＿＿＿＿＿＿＿＿＿＿＿＿＿＿＿＿＿＿＿＿＿＿＿＿＿＿＿＿＿

＿＿＿＿＿＿＿＿＿＿＿＿＿＿＿＿＿＿＿＿＿＿＿＿＿＿＿＿＿＿

＿＿＿＿＿＿＿＿＿＿＿＿＿＿＿＿＿＿＿＿＿＿＿＿＿＿＿＿＿＿

團隊成員：＿＿＿＿＿＿＿＿＿＿＿＿＿＿＿＿＿＿＿＿＿＿

什麼作為可以促使這位團隊成員展開行動：

＿＿＿＿＿＿＿＿＿＿＿＿＿＿＿＿＿＿＿＿＿＿＿＿＿＿＿＿＿＿

＿＿＿＿＿＿＿＿＿＿＿＿＿＿＿＿＿＿＿＿＿＿＿＿＿＿＿＿＿＿

＿＿＿＿＿＿＿＿＿＿＿＿＿＿＿＿＿＿＿＿＿＿＿＿＿＿＿＿＿＿

＿＿＿＿＿＿＿＿＿＿＿＿＿＿＿＿＿＿＿＿＿＿＿＿＿＿＿＿＿＿

團隊成員：＿＿＿＿＿＿＿＿＿＿＿＿＿＿＿＿＿＿＿＿＿＿

什麼作為可以促使這位團隊成員展開行動：

＿＿＿＿＿＿＿＿＿＿＿＿＿＿＿＿＿＿＿＿＿＿＿＿＿＿＿＿＿＿

＿＿＿＿＿＿＿＿＿＿＿＿＿＿＿＿＿＿＿＿＿＿＿＿＿＿＿＿＿＿

＿＿＿＿＿＿＿＿＿＿＿＿＿＿＿＿＿＿＿＿＿＿＿＿＿＿＿＿＿＿

＿＿＿＿＿＿＿＿＿＿＿＿＿＿＿＿＿＿＿＿＿＿＿＿＿＿＿＿＿＿

團隊成員：_____

什麼作為可以促使這位團隊成員展開行動：

_____

_____

_____

_____

　　如果你的團隊成員超過四個，請複印這一頁，或者繼續寫在別張紙上。

應用四

研擬合作性目標

　　根據訪談結果，你可能會發現有些事情，是全體或多數成員想從這個專案裡得到，或者想透過這個專案來達成的。大家共有的目標究竟是什麼呢？共同的動力又是什麼？

_____

_____

_____

_____

　　你可以採取什麼作為，藉由這些共同動力和目標打造出一種「同舟共濟」的感覺？比方說：

● 假設其中一個共同的動力是可以從別人身上學到許多。那麼你的

做法就是每週舉辦團隊會議，讓每個人都可以報告當週學到的新知——譬如某種新的做事方法；認識某人，對方可以提供很多資源；或者某種減輕壓力的有效方法。

- 假設共同目標是，讓這個專案因為有助於某個領域的進步而受到世人肯定，那麼你可能得指派某人專門記錄各種成就，再找另一個人撰寫期刊文章，並確保這個團隊會在某專業研討會上發表論文。

- 假設共同的動力是好玩，你可能得每週舉辦慶祝活動，讓大家可以「大吹特吹」他們做了什麼厲害的事；會議現場發送便宜的玩具來炒熱氣氛；或者鼓勵擅長器樂演奏的團員在休息時間來一段表演，自娛娛人。

在這些共同目標和動力下，你可以採取什麼作為：

_____

_____

_____

_____

應用五

建立連結

要把事情做好，不能只靠你懂的及你能做的，也要看你認識誰。如果你的團隊成員都會拿出最出色的表現，他們需要的是跟對的人有直接的連結關係，才能獲得重要的資源 —— 包括資訊、材料、金錢等等。

在以前的工作環境裡，經理會控管這些資源，但在今天網路智能

和扁平化組織的世界裡，這套老辦法只會拖延辦事效率。你必須建立連結，讓團隊成員可以直接面對他們的權力資源。

有一種工具可以協助你弄清楚誰需要跟誰有連結，這個工具叫做社會關係圖(sociogram)。所謂社會關係圖，就是一個團體的關係圖解（請參考p.100的例子）。

為了幫專案裡的成員打造出一份社會關係圖，你要：

- 在一張白紙中間或你的協作工具上畫出一個圓圈。把一位團隊成員的名字寫在圓圈裡。
- 在這個名字的圓圈四周畫上許多圓圈，代表為了讓這個人能拿出最出色的表現，他必須連結的重要人士有哪些。這些重要人士的數量可能有五、六個以上。
- 在每個人的名字下方註明「資源」種類。譬如，這個資源可能是資訊、金錢、可傳授重要的技術、許可，或是聯絡其他人的管道，諸如此類。
- 把應該彼此認識或者在某方面有直接關聯的人畫線連起來。如果兩個人應該要有密切的關係——也就是應該經常互動——就在他們中間畫一條粗線。如果兩個人應該多少互動，就在他們中間畫一條細線。如果兩個人應該認識彼此，但不需要直接互動，就畫上虛線。
- 現在回頭檢視一下，這些圖告訴你在這種情況下，需要做什麼？

看看下一頁的例子。想像吉姆就在你的團隊裡，他正在寫一本技術手冊，是這個專案裡的關鍵作業。圍繞在吉姆四周的人，對他日後的成功都扮演關鍵性角色。

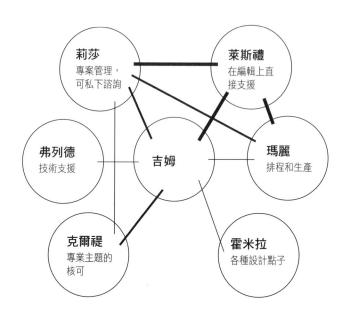

這個社會關係圖告訴你什麼？顯然萊斯禮和莉莎在這個專案裡對吉姆來說很重要，克爾褆也扮演了重要的角色。如果吉姆想拿出最出色的表現，就得被授權可以跟這些人密切合作。這個社會關係圖也顯示出萊斯禮和莉莎之間；萊斯禮、莉莎和瑪麗之間；以及萊斯禮和瑪麗之間都應該有重要的連結關係。如果你是這個專案的領導者，應該留意這些關係，就算你對他們沒有直接的控管權。

現在拿出另一張白紙，畫出你自己的社會關係圖。

等你畫完後，再跟所有團隊成員碰面，幫忙畫出他們每一個人的社會關係圖。

檢視團隊成員們的社會關係圖，你需要做什麼來確保他們每個人都有跟重要的權力資源連結上，才能發揮本領，拿出最出色的表現？

可能影響

身為領導者，你從本章的練習學到什麼？

根據你在這些練習所學到的經驗，為了改進專案期間**促使他人行動**的方法，你需要做什麼？

---

8 鼓舞人心

　　要在組織裡成就非常之事並不容易。領導者會鼓舞團隊成員的士氣，讓他們堅持到最後一刻。他們會用明顯的方式，感謝大家為追求共同願景所做出的努力。他們會用感謝函、笑容和公開讚美的方式，讓對方知道他們的努力對組織來說有多重要。

　　除此之外，領導者也會對團隊的成就表現出與有榮焉。他們會把這些團隊的事蹟告訴組織裡的其他人，公開頌揚對獲勝的團隊來說很重要。領導者會找方法慶賀這些成就，會抽出時間來祝賀里程碑的達成，進而凝聚士氣、獲取支持，激勵大家繼續前進。

　　為鼓舞人心，你會對個人的傑出表現致謝，肯定對方的貢獻，你會大力頌揚價值觀和勝利成果，打造社群精神。

　　以下是我們從個人最佳領導經驗中蒐集的鼓舞人心的例子：

- **某高中足球隊的新教練**，接手了一支前一年戰況失利的球隊，他運用正面訓練手法，隔年就打造出獲勝的隊伍。方法很簡單，他不會老是去指正他們做不好的地方，而是一開始就常常告訴他們「你們這地方做得很對」，然後再跟他們說「但是有兩、三件事可以再做些改進。」此外，他也要求隊員們要互相打氣。

- **某金融服務公司負責學習和教育的資深副總**，想鼓勵她的訓練團隊更勇於冒險。她推廣的方式是設置長頸鹿獎，想當然耳，這個獎是致贈給敢伸出脖子去冒險的人。每個月的得獎者會在團體面前，獲得一隻長頸鹿娃娃和一張彩色標語作為肯定，其事蹟也會告知大家。這個獎都是由上一次的得獎人頒發，但會再加上一些對新得獎人來說匠心獨具的東西，讓這個獎變得很有新得獎人的特色。

- **某銀行的資深副總**，想為某位員工做一件特別的事，因為這位下屬完成了個人里程碑。為了讓這場公開的表揚別具一格，他製作了一支「回顧一生」的影片，並與對方母親多方通話，作為收尾。

- **某大學教授俱樂部的總經理兼執行長**，發了一封「公開感謝函」給俱樂部會員、學校裡的各系所以及俱樂部員工，她在信中用熱情洋溢的文字，詳述大家一年來的努力終於有了戲劇性的轉機，真是可喜可賀。

- **一位專案經理**，在團隊達成重要里程碑時四處找每位成員握手，還請幾位重要成員吃午飯，並親自致電給每位成員，謝謝他的努力和貢獻，並舉辦一場有茶點的小型慶功宴。

- **一位工廠經理**，創辦了每個月一次的「超人」獎頒獎典禮，表揚對改善生產力或降低成本有特殊貢獻的員工。她會先精心挑選一份足以代表得獎人成就、具創意又幽默的禮物，然後在典禮上頒獎給對方，並告訴在場人士得獎理由。

- **某零售店老闆**，想在聖誕節熱銷期間打造出一種社群意識，讓

因聖誕節而被臨時請來的雇員更有工作幹勁。於是他在員工入口處設置了一塊「讚美板」，每當他想感謝某員工的成就時，就會寫一張簡單的感謝函貼在上面。沒多久，員工們也開始貼出自己寫的感謝函和致賀信。

- **營業總監**接手一個專案計畫，打算翻轉公司的業務績效。為了吸引大家的注意，他使用了所謂的「成交外套」這個點子。每當有業績進來，業務團隊就會找一個人穿上「成交外套」——一件化纖材質的亮黃色夾克。穿上這件外套的人，會跟著營業總監在公司裡面到處行走，將這個業績成果告知眾人。所以每當大家看到有人穿上那件外套時，就知道他們離目標又更近了一點。

目標

完成這一章的練習之後，你可以：

- 肯定個人對專案成功所做出的貢獻。
- 說出對方的事蹟，肯定他們的貢獻，同時也強化重要的價值觀和行事標準。
- 公開頌揚團隊成就。
- 在團隊成員之間建立起非正式的社會支持。

▎省思與應用▎

　　回想以前有人私下肯定或獎勵你出色表現的那些經驗 —— 也就是你的成就曾被人由衷欣賞的那種經驗。

　　從這些經驗中挑出一個你認為最令人難忘的肯定方式 —— 也就是你覺得最受到賞識和感激的經驗。盡可能地詳述那次的經驗。

● 為什麼那次經驗那麼令人難忘？為什麼你會選它？

_____

_____

_____

● 對方做了什麼肯定你的事情？請把它們全寫下來。他做了什麼舉動？他做了什麼事情？描述那個場景，還有對方的舉動以及你的感受。

_____

_____

_____

應用一

肯定個人的貢獻

　　肯定個人對專案價值觀及成就的貢獻，將會是一個大好機會，讓你不只能鼓舞人心，也能強化專案所固守的價值觀。

　　在以身作則那一章，你的團隊在共同價值觀上已有共識，所以肯定個人對這個專案的貢獻，也應該被框在那些價值觀的背景下。

- **回頭檢視你當初表列出來的價值觀**，把你所期望的每一個價值觀在工作上該有的展現作為記下來。要想有更多你想看見的作為，最好的方法，就是留意有哪些人是這方面的模範。不要等到特殊場合才跟對方致謝，要盡快肯定他們。

- **當你肯定某位團隊成員時**，請把這個人的作為與他示範的價值觀做出連結。這對價值觀的鞏固很有幫助，此外也等於是在告訴別人可以如何仿效。比方說，你可能會說：「前幾天，我看到專案老手凱莉，正在教一位新進成員使用銷售追蹤軟體。雖然她在值班，卻還是抽出時間協助對方。我永遠忘不了她當時說的話：『我知道你辦得到，你非常有天分！』哇！凱莉向我們示範了這個團隊的價值觀。凱莉，請到我這裡來。我知道你熱愛曲棍球，所以我要送給你這個很特別的『史丹利杯』（Stanley Cup）（那款獎杯的小小複製品），再送你兩張票，觀賞我們在地曲棍球隊的下一次主場比賽。謝謝你，凱莉。」

- **確認一下**：你真的相信團隊裡的每位成員，都有能力拿出作為和將會拿出作為來達成你們所設定的目標，並實踐你們一致認同的價值

觀嗎？如果你相信，就務必要在言行上表現出來。要是不相信，你會發現自己很難誠懇地肯定任何貢獻。

- **要協助他人拿出最出色的表現**，得先相信他們的能力。如果你發現自己懷疑團隊裡任何一個人的能力，就是採取行動的時候了。你最好跟對方坐下來，盡可能地去了解對方的技術、能力還有興趣，特別是他們的長處，以及對方覺得需要再補強的地方，還有對方覺得專案是否適合自己。找到你可以關注的長處，找到這個人在這個專案裡最適合的角色。可以的話，送他們去上課，改善他們的技能。想辦法提升你對所有團隊成員的信心。

- **要用迎合對方的方式來肯定個人貢獻**。如果你知道對方喜歡什麼，或者他們覺得什麼東西「很特別」，就能輕鬆地把你的肯定方式，處理得很有對方的個人特色。但如果你無法為團隊裡的成員回答這個問題，便得多花點時間去熟悉他們。給你一點提示：去拜訪他們的辦公隔間、辦公室或工作站，看一下他們的辦公桌上放了什麼照片，工作空間裡收藏哪些東西。注意聽他們都把什麼事情當興趣來做，也可以請教他們的同事。反正就是留意對方的一切。

　　隨著專案的進展，你可以利用下一頁的同仁光環練習單（Kudos for a Colleague worksheet），思索該如何肯定對專案有特殊貢獻或親身示範專案價值觀的人。把這份練習單當成你每次要肯定別人前的準備範本。

　　一定要經常填寫這份練習單。因為研究顯示，一般人如果一週至少被肯定一次，會更投入眼前的工作。這表示如果你有十位團隊成員，每個禮拜你都得做十份同仁光環練習單。這看起來好像很費事，

一旦熟悉技巧，每個人平均三分鐘而已，換言之，只要花你三十分鐘就夠了。你不覺得一個禮拜花三十分鐘，便能得到更好的成果表現，不是很值得嗎？

重要提醒：這些練習單的目的，是協助你留意和記錄成員們做了什麼值得你肯定的事，不是光把空白處填滿就好了。說到底，重點在於肯定別人對專案成就所做出的貢獻。請好好利用這份練習單來達成這個目的。

同仁光環

團隊成員：＿＿＿＿＿＿＿＿＿＿＿＿＿＿＿＿＿＿＿＿＿＿＿

　　被示範出來的共同價值觀：＿＿＿＿＿＿＿＿＿＿＿＿＿＿

＿＿＿＿＿＿＿＿＿＿＿＿＿＿＿＿＿＿＿＿＿＿＿＿＿＿＿＿＿

＿＿＿＿＿＿＿＿＿＿＿＿＿＿＿＿＿＿＿＿＿＿＿＿＿＿＿＿＿

＿＿＿＿＿＿＿＿＿＿＿＿＿＿＿＿＿＿＿＿＿＿＿＿＿＿＿＿＿

　　這位團隊成員是用什麼作為來示範這個價值觀？請具體描述。

＿＿＿＿＿＿＿＿＿＿＿＿＿＿＿＿＿＿＿＿＿＿＿＿＿＿＿＿＿

＿＿＿＿＿＿＿＿＿＿＿＿＿＿＿＿＿＿＿＿＿＿＿＿＿＿＿＿＿

＿＿＿＿＿＿＿＿＿＿＿＿＿＿＿＿＿＿＿＿＿＿＿＿＿＿＿＿＿

＿＿＿＿＿＿＿＿＿＿＿＿＿＿＿＿＿＿＿＿＿＿＿＿＿＿＿＿＿

　　我要如何讓我的肯定方式更迎合對方的特色？我要做什麼，才能讓對方覺得這種肯定很特別？

＿＿＿＿＿＿＿＿＿＿＿＿＿＿＿＿＿＿＿＿＿＿＿＿＿＿＿＿＿

　　我會在什麼時候和什麼地方肯定對方？

　　還有誰應該知道這個人的成就，以及這個人是因為什麼作為才有這樣的成就？我要怎麼公開宣揚？

應用二

說故事

　　我們絕對有辦法透過我們的肯定和致謝方式，來達到令別人印象深刻持久的目的。只要回顧一下你最難忘的肯定經驗 —— 也就是你在本章一開始記下來的那個經驗。別人對你的肯定曾讓你留下了深刻持久的印象，你也可以讓另一個人留下類似的印象，它也一樣深刻持久到幾年後，對方會告訴別人這個令人難忘的經驗是你給的。而這些

深刻的印象，最後會變成故事被我們拿出來告訴大家，然後傳頌出去，它們不只被當成頌揚的題材，也是在告訴我們和其他人什麼事情才是最重要的。

我們想要利用故事這個媒介來幫你培養出**鼓舞人心**的本領，這樣一來，你不只能肯定個人，也能將這種本領傳遞給團隊裡的其他人。故事會幫成功這件事戴上人的面貌，它們告訴了我們，有一個像我們一樣的人把這件事做到了。它們可以打造出組織裡的行為榜樣，讓每一個人都能仿效。它們會在真實的背景裡放進行為。故事會讓各種行事標準 ── 也就是專案的目標以及左右團隊的價值觀 ── 變得栩栩如生。它們會感動我們、觸動我們。領導者透過故事，說明每個人必須有什麼作為才算是活出價值觀，朝目標前進。它們傳達出大家在面對艱難決定時，必須採取的適當具體作為。它們召集大家「圍著營火而坐」，一起學習和一起歡笑。

寫下你的故事

回想你最近觀察到團隊裡的某位或多名成員，對專案的價值觀及目標所做出的貢獻。請照著以下步驟寫出故事。

1. 確認主角是誰。你想要肯定的那個人或那些人，他們叫什麼名字？

_____

_____

_____

_____

2. **描繪出場景**。這件事是在什麼時候和什麼地方發生的？說一下當時的環境，那個人（或那些人）當時想要成就出什麼？動機是什麼？（要回答這個問題，你必須對這個人有一些了解，而這也回到領導者必須時時留意組織裡發生什麼事情的老話題上。為了說出一個好故事，你必須眼觀四面、耳聽八方。）

_____

_____

_____

_____

3. **描述那些作為**。盡可能將當時發生的事情細節描述清楚。這個人或這些參與者具體做了哪些事情？

_____

_____

_____

_____

4. **最後的結果如何**。千萬不要把聽眾的胃口吊在半空中。告訴他們最後發生了什麼事，因為這些作為而有了什麼樣的結果？

_____

_____

_____

_____

5. **把驚喜囊括進來**。每一個好聽的故事都有一些令人驚喜的地方。試著加進一些驚奇的元素,有什麼東西可以讓這則故事變得有趣、獨特、令人難忘、好玩或出人意料?

_____

_____

_____

_____

6. **跟共同價值觀結合起來**。每個好故事最後都有一個「寓意」在裡頭 —— 也就是建立在價值觀上的一種重要教訓,人們可以從這個例子裡學到的課題。被示範出來的那個共同價值觀(或那些共同價值觀)究竟是什麼呢?

_____

_____

_____

_____

說出你的故事

現在就去享受說故事的樂趣吧。你可以趁例會或某個特殊活動,跟你的團隊分享這個故事。說一個好故事只需要花三到五分鐘的時間,你在任何一場聚會裡都能找到這樣的時間。長度不重要,重要的是,你要誠懇地傳達某人如何貢獻良多,才能讓這個專案的標準活了起來。

　　你說完這個故事後，請花幾分鐘時間省思以下問題：

● 他們的反應是什麼？大家在情緒上的回應是什麼？

_____

_____

_____

_____

● 你在說這個故事的時候，感覺如何？你有多侃侃而談？你覺得自己花多大的工夫才辦到？

_____

_____

_____

_____

● 從其他人的反應來看，你把故事裡主角的行事作為，跟你想要強化的價值觀和標準之間的連結做得如何？

_____

_____

_____

_____

● 對於說故事這件事，你學到了什麼？你要怎麼提升你說故事的本領？譬如你可以：

- 參加當地圖書館或書店的小說朗讀會。特別留意作者如何架構和說出這個故事。趁問答時，請教作者如何找到點子，發展成這個故事。
- 把專案期間發生的事情寫成日誌，就可以從中找到許多很棒的故事。
- 聽一下你最喜歡的童話故事有聲書，留意這些很會說故事的專家都是怎麼說故事的。（你從事的工作可能與孩童無關，但我們是在學習如何說故事，而孩童們都喜歡聽故事。）
- 在全家人的晚餐桌上，不要只是談論你一天的流水帳，說個有關這一天的故事。用豐富的細節來描述地點、人物和感受。讓家變成你練習說故事的舞台。

應用三

頌揚團隊的成就

專案裡的每個里程碑，都是慶賀團隊成員成就的好機會，也藉此凝聚士氣和聲勢，繼續往前走。以下有個例子：

專案里程碑：**完成行銷計畫**
團隊的慶祝方式：

- 那天提早收工，每個團隊成員都陪家人移陣到當地一處公園，在那裡消磨時光、玩排球，認識彼此的家庭成員，好好放鬆。
- 找當地的滑稽演員到辦公室做一場特殊表演。事先提供「辦公室內部的笑話哏」，以便放進表演裡。

請為專案裡的每個里程碑，動腦想出團隊覺得好玩又有意義的慶祝方式。

專案里程碑：＿＿＿＿＿＿＿＿＿＿＿＿＿＿＿＿＿＿＿＿＿

＿＿＿＿＿＿＿＿＿＿＿＿＿＿＿＿＿＿＿＿＿＿＿＿＿＿＿

＿＿＿＿＿＿＿＿＿＿＿＿＿＿＿＿＿＿＿＿＿＿＿＿＿＿＿

＿＿＿＿＿＿＿＿＿＿＿＿＿＿＿＿＿＿＿＿＿＿＿＿＿＿＿

＿＿＿＿＿＿＿＿＿＿＿＿＿＿＿＿＿＿＿＿＿＿＿＿＿＿＿

團隊的慶祝方式：＿＿＿＿＿＿＿＿＿＿＿＿＿＿＿＿＿＿＿

＿＿＿＿＿＿＿＿＿＿＿＿＿＿＿＿＿＿＿＿＿＿＿＿＿＿＿

_____

_____

_____

_____

專案里程碑：_____

_____

_____

_____

_____

團隊的慶祝方式：_____

_____

_____

_____

_____

專案里程碑：_____

_____

_____

_____

_____

團隊的慶祝方式：_____

_____

_____

_____

_____

應用四

建立社會性支持

公開的儀式還有另一個好處，就是可以把大家聚在一起。在數位時代裡，越來越多的溝通都是透過新的資訊科技，大家越來越少相聚。人類是社交的動物，我們需要彼此。

擁有較多社會性支持的人比較健康。社會性支持對我們的健康和生產力來說絕對是必要的。大家齊聚起來一塊慶祝，是得到這種必要性支持的方法之一。

想想看有哪些方法能鼓勵私下的社交互動。譬如：

- 在人們會自然而然聚集的地方（可能是為了喝杯咖啡或用餐、共用辦公設備或者其他事情）設置幾張椅子。
- 在辦公室的中央位置或線上協作工具裡，放一塊「讚美板」，在上面張貼一兩張「感謝函」，也鼓勵其他人想公開肯定的人可以這麼做。
- 每場例會一開始的時候，先請大家分享自己的事情——譬如他們最喜歡的顏色、最喜歡的運動、正在讀的書和推薦哪一本書、喜歡看哪一部電影、寵物的名字等。讓這群人能夠習以為常地聊到自己的事情。
- 找一天早上站在工作區域的入口處，跟每一位來上班的人打招呼。

你還有想到哪些可以促進私下互動的點子？

可能影響

身為領導者，你從本章的練習裡學到什麼？

_____

_____

_____

_____

根據你在這些練習所學到的經驗，為了改進專案期間**鼓舞人心**的方式，你需要做什麼？

_____

_____

_____

_____

9 省思你的最佳領導專案計畫

《模範領導實戰手冊》從頭到尾就是要你把模範領導五大實務要領，運用在真實的專案計畫裡，使它成為你的另一次個人最佳領導經驗。既然現在這個專案已經完成 —— 或者說已經實現了好幾個重要的里程碑 —— 我們鼓勵你花點時間回頭省思這次的經驗。請記住，優秀領導者都是最佳的學習者。要像一位領導者一樣成長，就得從經驗中學習，才能做好準備，將這些學到的課題運用到你下次的專案裡。

本章節會提出很多問題，藉此引導你檢討這個專案。你可以自己回答這些問題，也可以召集你的團隊，以整個團隊的身分來回答，或者兩者皆用。

等你檢討完請反問自己：「從領導的實務要領、領導本身，以及如何成為更優秀的領導者這幾方面來看，以上的答案洩露出了什麼訊息？」有了這層新的認知之後，你就等於做好了準備，可以去迎接你的下一個最佳個人領導經驗，因為你已經更了解和更能領會什麼樣的舉止作為能夠發揮影響力。

你可能已經完成 —— 或幾近完成 —— 這次個人最佳領導專案的執行面，這種檢討有一個更大的好處：它會是你持續發展領導力的一個關鍵步驟。現在就花點時間去做，相信你日後的領導生涯必定會有更多收穫。

我的個人最佳領導專案

回頭檢視你在第三章個人最佳領導專案計畫裡所完成的練習，然後回答以下問題：

- 你會怎麼評定你在這個專案期間的進步程度？你使用的是什麼標準？

_____

_____

_____

_____

- 除了你之外，還有誰會評定你專案的成功與否？他是怎麼衡量的？

_____

_____

_____

_____

- 你有達到專案的目標嗎？

_____

_____

_____

_____

● 你的專案有在預計時程內完成嗎？預算是多少？

_____

_____

_____

_____

● 你的專案有哪個層面最令人受挫或最棘手？原因是什麼？

_____

_____

_____

_____

● 過程中有什麼令你驚訝的事？為什麼？

_____

_____

_____

_____

● 用幾個形容詞來描述你現在對這個專案的感受（譬如自豪、筋疲力
　竭、很滿足、很興奮……）：

_____

_____

_____

_____

● 和專案剛開始時相較，你現在的感覺如何？有什麼改變？為什麼會
　有這樣的改變？

_____

_____

_____

_____

● 總體而言，在領導統御的見地上，你學到了什麼？你對自己以及你
　的領導能力了解多少？

_____

_____

_____

_____

以身作則

　　回頭檢視你在第四章**以身作則**裡所完成的練習，再回答以下問
題：

● 什麼共同價值觀在專案過程中一路引導你，對你來說是最重要的：

_____

_____

_____

_____

- 在價值觀上達成共識，這件事到底有多困難或者多容易？為什麼你這樣認為？

- 什麼價值觀對你和團隊來說，是實踐共同價值觀中最重要的一件事？這些價值觀你要如何以身作則？

- 什麼樣的領導作為最有意義，可以證明達成共識的價值觀跟正在發揮作用的價值觀是前後一致的？

- 關於以身作則這件事，你學到了什麼？可以運用在你下一次的專案計畫裡：

_____

_____

_____

喚起共同願景

　　回頭檢視你在第五章**喚起共同願景**裡所完成的練習，再回答以下問題：

● 這個專案有什麼更高的目標？

_____

_____

_____

_____

● 現在你已經完成這個專案，而你真正完成的目標跟想像中要完成的比起來如何？有什麼差別？你怎麼解釋其中的差異？

_____

_____

_____

_____

● 你現在會用什麼樣的比喻來形容這個專案？

_____

_____

_____

_____

● 關於在組織裡喚起共同願景這件事，你學到什麼？下一次你會有什麼不同的做法？

_____

_____

_____

_____

向舊習挑戰

回頭檢視你在第六章**向舊習挑戰**裡所完成的練習，再回答以下問題：

● 你曾在這個專案裡，試過哪些創新手法和技術？它們的效果如何？你在這個專案裡做了什麼不同於以往的做法，所以才成為你最佳的領導專案之一？

_____

_____

_____

_____

● 你進行了什麼實驗？就學習面來說，這些實驗有多成功？

_____

_____

_____

_____

● 說到更能放心和更願意跳脫框架思維這件事，你有學到什麼嗎？

_____

_____

_____

_____

● 你要如何鼓吹大家從失敗和錯誤中學習？

_____

_____

_____

_____

● 將專案分解成幾個小贏的成果——也就是「一步一步跳」這種漸進
　式的行動——如何協助你達成目標？

_____

_____

_____

● 關於在組織裡向舊習挑戰這件事，你學到什麼？你下一次會有什麼
　不同的做法？

_____

_____

_____

_____

促使他人行動

　　回頭檢視你在第七章**促使他人行動**裡所完成的練習，再回答以下
問題：

● 哪些促成行動最成功？為什麼？

_____

_____

_____

_____

● 你的團隊成員能夠獲得他們所需要的資訊嗎？你建立了什麼系統來
　促成這件事？

_____

_____

_____

_____

● 寫出幾個你釋出權力的具體例子。它對你的團隊成員有什麼影響？
對你的影響又是什麼？

_____

_____

_____

_____

● 你做了什麼事情讓你的團隊成員覺得自己很有實力？這個工作比你
當初以為的來得簡單還是困難？

_____

_____

_____

_____

● 關於在組織裡促使他人行動這件事，你學到什麼？你下一次會有什
麼不同的做法？

_____

_____

_____

_____

鼓舞人心

回頭檢視你在第八章**鼓舞人心**裡所完成的所有練習,再回答以下問題:

● 什麼形式的肯定(可能是一種形式或多種形式)最具有正面的影響力?為什麼?

_____

_____

_____

_____

● 肯定和頌揚對你的團隊造成什麼影響?

_____

_____

_____

_____

● 你是用什麼創意的手法來肯定個人?

_____

_____

_____

_____

● 你頌揚團隊最成功的方式是什麼？為什麼它很有效？

_____

_____

_____

_____

● 關於在組織裡鼓舞人心這件事，你學到什麼？你下一次會有什麼不同的做法？

_____

_____

_____

_____

整合起來

最後，利用《模範領導實戰手冊》完成你的個人最佳領導專案的同時，也是對你所學做更廣泛省思的時候。

● 在你所採取的所有領導作為裡，你認為哪三到五種作為對這個專案的成功有很大的影響？

_____

_____

_____

● 你在下一次的專案裡，會有什麼不一樣的做法？

_____

_____

_____

_____

● 你確定會在下一個專案裡，繼續做哪件事？

_____

_____

_____

_____

● 身為領導者，你從自己身上學到哪五件最重要的事情？

_____

_____

_____

_____

● 你從團隊成員身上，學到哪五件最重要的事情？

_____

_____

_____

_____

● 哪一個實務要領最容易執行？最難的又是哪一個？為什麼？

_____

_____

_____

_____

● 身為領導者，你覺得自己的長處是什麼？

_____

_____

_____

_____

● 你需要改進的領導技能是什麼？

_____

_____

_____

_____

● 除了要求別人親自做完這本實戰手冊之外，你還可以怎麼傳承你的
　領導課題──尤其是傳承給你正在指導的人，或者最有可能在短期
　的未來裡擔任領導角色的人。

_____

_____

_____

_____

10 挑戰不曾停歇

在這本實戰手冊以及我們對領導統御的所有討論裡，經常會使用「旅程」來表達領導統御的主動和冒險精神。我們也常說領導者就像拓荒者和開路先鋒，帶著人們展開探險，前往他們從未去過的地方。我們還談到了攻頂、里程碑和路標。

就像多數旅程一樣，領導者的旅程並非單靠一個專案就可以告終。這趟旅程將接續到下一個你所接手的專案，然後又是下一個。誠如一句古老的中國諺語：「一山還有一山高」。你知道你在領導者不斷成長的路上，一定會面臨更多的挑戰，也會有更多的機會等著你拿出個人的最佳表現。

希望你會回頭檢視我們在實戰手冊裡請教過你的問題。我們也期盼你下次遇到挑戰或碰到千載難逢的機會時，將它們拿出來活用，盡情去探索你和其他人可以共同成就的各種可能。我們更盼望你也教會別人提問這些問題。我們衷心希望你不只是把這套流程應用在自己的工作上，也應用在你的社群、宗教場所，甚至家裡。

挑戰是大器養成之前的一種嚴峻考驗。正因為我們今日面臨的挑戰十分艱鉅，所以你有無限的可能足以成就大器。這個世上並不缺乏領導的機會，此時此刻比任何時候都更需要你的領導力。

我們祝福你下一次的領導挑戰也一樣的成功，而且樂在其中。

謝辭

　　在這本實戰手冊的引言裡，我們曾引用第一位登上雷尼爾峰的截肢患者唐恩‧班尼特，回答「你是怎麼辦到的？」這個問題時的答案。而在進入尾聲之際，我們又想到唐恩的另一個回答。當時我們請教他：「你有學到什麼最重要的課題？」他的回答是：「你不能孤軍奮鬥。」

　　有時候寫書也像爬山，要是沒有團隊跟著你一起爬或者在營地幫忙，我們真的辦不到。事實上，這個專案是讀者以及模範領導講習班學員不斷提出問題而促成的。他們總是渴望獲取實用的知識，他們一再詢問：「我們要怎麼將它付諸實行？」為此我們萬分感激他們源源不絕地提供新點子，也感謝他們不斷要求可供活用的素材。

　　我們向來將模範領導五大實務要領視為規畫變革的一種流程，也是一套用來導引變革的技巧。為了協助大家把五大實務要領當成變革指南來使用，我們一開始就列出了一份長達十頁的探索性問題清單，帶著大家逐步探索真實世界裡的各種有利機會。後來這份原始清單被以前在湯姆彼得斯公司（Tom Peters Company）的同事Homi Eshaghi、Lynne Parode、Christy Tonge和Cathy Weselby轉化成「個人未來最佳規畫手帳」（The Next Personal-Best Planner）。

　　等到完全修訂過原始文本，才終於在二〇〇三年打造出《模範領導實戰手冊》，當時我們何其有幸能擁有Janis Chan這位人才。而二

○一二年的修訂版，也在Leslie Stephen的全力付出下受益良多，她是我們很信任的朋友，也是一位很有天賦的作家。目前這個修訂版則是由Susan Monet負責。

在A Wiley Brand出版社模範領導小組裡，有一支總是全力支援、充滿朝氣，而且技術一流的專業團隊，他們跟我們一起完成了這個新版本以及之前的許多版本。我們很感謝品牌總監William Hull、品牌經理Marisa Kelley、資深製作編輯Dawn Kilgore、製造經理Becky Morgan和文字編輯Rebecca Taff，謝謝他們的付出使這個修訂版得以順利發行。

最後我們要謝謝你們每一個人，你們始終在追求領導的夢想，不斷精進個人的技能。永遠不要忘記你們的影響力。

Notes